"十三五"······材(编号:2020-2-214)

"十三五"江苏省高等学校重点教材

生 态 气 象 学

冯兆忠 肖 薇 王 伟 等◎著

气象出版社
China Meteorological Press

内容简介

本书基于生态气象学的概念和内涵,依据逻辑结构和知识体系,包括四个方面的内容:生态气象学概论、气象因子及其生态系统效应、大气化学成分与陆地生态系统的关系、生态气象的监测技术与应用。书中重点论述了气象因子(辐射、温度、水、风)的基本概念及其对生态系统结构和功能的影响,吸纳了大气化学成分变化(CO_2、O_3、酸沉降和气溶胶)及其生态效应的最新研究成果,并全面阐述了生态气象监测技术(涡度相关法、通量梯度法和遥感技术)的原理及其应用。每章都精心设计了复习思考题,部分题目由编者观测试验或学术成果构思而成,可作为课程的开放型研究性课题,让读者把握相关研究动态与前沿,开展充分的学术讨论,有利于培养学生的学习、实践和创新能力。

本书可作为生态学、气象学和环境科学等相关专业的本科生或研究生的课程教材,也可供气象、地理、生态、环境、水文、海洋或其他相关专业、行业的科研、教学和业务人员参考。

图书在版编目(CIP)数据

生态气象学 / 冯兆忠等著. -- 北京 : 气象出版社,
2021. 12(2022.7重印)
　　ISBN 978-7-5029-7622-4

　　Ⅰ. ①生… Ⅱ. ①冯… Ⅲ. ①气象学 Ⅳ. ①P4

中国版本图书馆CIP数据核字(2021)第243651号

Shengtai Qixiangxue

生态气象学

冯兆忠　肖　薇　王　伟　等◎著

出版发行:气象出版社
地　　址:北京市海淀区中关村南大街 46 号　　　　邮政编码:100081
电　　话:010-68407112(总编室)　010-68408042(发行部)
网　　址:http://www.qxcbs.com　　　　　E-mail: qxcbs@cma.gov.cn
责任编辑:杨泽彬　　　　　　　　　　　　　终　审:吴晓鹏
责任校对:张硕杰　　　　　　　　　　　　　责任技编:赵相宁
封面设计:艺点设计
印　　刷:三河市君旺印务有限公司
开　　本:710 mm×1000 mm　1/16　　　　　　印　张:10.75
字　　数:230 千字　　　　　　　　　　　　彩　插:1
版　　次:2021 年 12 月第 1 版　　　　　　　印　次:2022 年 7 月第 2 次印刷
定　　价:48.00 元

前　　言

　　我国正在加快生态文明建设步伐，"人与自然和谐共生，建设美丽中国"是新时代中国特色社会主义建设的基本方略。这对生态环境、林业、农业部门以及城市建设都提出了新的要求。围绕生态文明建设开展的气象学科学研究和业务发展，是加强生态文明建设的重要支撑。这对于生态气象学的教材建设、课程专业建设提出了新的挑战，对生态气象复合人才提出了新的需求。因此，迫切需要覆盖生态学、气象学以及气象因子与生态学过程相互作用基本理论与方法的生态气象学教材与课程，并融入到应用气象学、生态学、环境科学等学科体系中。

　　依托南京信息工程大学应用气象学和生态学两个专业的独特优势，我们召集了一批活跃在教学和科研一线、对基本理论和前沿方法都有深刻认识的教师，在《生态气象学导论》一书的实际编写和使用经验基础上，编写了新的《生态气象学》。该书围绕生态气象学的概念和内涵，介绍了气象因子及其生态系统效应、大气化学成分与陆地生态系统的关系、生态气象的监测技术与应用。本书可以为生态学、气象学和环境科学等相关专业的本科生或研究生提供专业课教材。

　　本教材由冯兆忠、肖薇、王伟共同担任主编，全书由冯兆忠统稿、定稿。各章撰稿人分工如下：第一章为周丽敏、张弥、冯兆忠；第二章为张弥；第三章为王伟、邱让建；第四章为王伟、邱让建；第五章为肖薇；第六章为周丽敏、冯兆忠；第七章为尚博、冯兆忠；第八章为刘蕾；第九章为乐旭；第十章为王伟、肖薇；第十一章为周德成。

　　本书在编撰过程中得到了南京信息工程大学的大力支持，中国气象科学研究院周广胜研究员、南京农业大学罗卫红教授和南京信息工程大学王连喜教授提出了许多宝贵意见，再次对他们表示衷心的感谢。

　　本书是首次出版，由于水平有限和时间仓促，难免有不妥之处，而且内容有待教学实践的检验，盼望读者提出宝贵意见和建议，我们将对书中内容做进一步的调整和改进。

　　本教材得到"十三五"江苏省高等学校重点教材项目的资助。

编者

2021 年 12 月

目　　录

第一章　概　　论

第一节　生态气象学的概念

一、生态学及其相关术语的定义

生态学理论的形成和发展经历了一个漫长的历史过程。早在 5000 年前我国的神农曾尝百草来鉴别各种植物,先秦时代就已经有了生态学知识的积累,《尔雅》一书就记载了 176 种木本植物和 50 多种草本植物的形态与生态环境。生态学(Ökologie)一词是由勒特(Reiter)合并两个希腊词 Οικοθ(房屋、住所)和 Λογοθ(学科)构成。1866 年,德国动物学家海克尔(Ernst Heinrich Haeckel)初次把生态学定义为"研究动物与其有机及无机环境之间相互关系的科学",特别是动物与其他生物之间的有益和有害关系。美国生态学家奥德姆(Odum,1971,1983)提出的定义为:生态学是研究生态系统的结构和功能的科学。我国著名的生态学家马世骏认为生态学是研究生命系统和环境系统相互关系的科学。生态学是以研究个体、种群、群落和生态系统等不同层次的宏观生物学,由于近几十年来分子生态学和全球生态学的迅速发展,使生态学在更广的尺度开展研究,即从分子水平到整个全球生态系统。

生态系统(ecosystem)是当代生态学最重要的概念之一,这个概念最初是由英国生态学家坦斯利(Tansley,1935)提出的。他认为,生态系统的基本概念是物理学上使用的"系统"整体,这个系统不仅包括有机复合体,也包括形成环境的整个物理因素复合体。生态系统是指在一定空间内共同栖居着的所有生物(即生物群落)与其环境之间由于不断地进行物质循环和能量流动过程形成的统一整体。其中生物和非生物构成了一个相互作用、相互依赖的统一整体。因此,生态系统主要强调一定地域中各种生物相互之间以及它们与环境之间功能上的统一性。生态系统主要是功能上的单位,而不是生物学中分类学的单位。

生态过程作为生态学研究的重要内容,体现了生态系统中维持生命的物质循环和能量转换过程。生态过程可分为垂直过程和水平过程:垂直过程发生在某一景观单元或生态系统的内部,而水平过程发生在不同的景观单元或系统之间。生态过程关注过程动态、过程效应和过程机理,强调事件或现象的发生和发展的动态特征。生态过程包括生物过程与非生物过程。生物过程如种群动态、种子或生物体的传播、捕食者和猎物的相互作用、群落演替等。非生物过程则包括物质循环和能量流动。目前的研究热点集中于生态系统碳交换、水分利用和养分循环对全球变化（如 CO_2 和 O_3 浓度升高、全球变暖、降雨的变化、氮沉降增加等）的响应规律，植物、动物、土壤微生物如何受环境因子影响以及不同生态系统中碳、氮和水生物地球化学过程变化的内在机制等方面。

生态效应（ecological effect）指人为活动造成的环境污染和环境破坏引起生态系统结构和功能的变化。生物与环境关系密切，两者相互作用，相互协调，保持动态平衡。在一个生态系统的众多环境因素中，气象要素中光、温、水、风等气象因子的变化（包括周期性的变化）最大，也最频繁。气象要素直接作用于动植物生长发育和分布，并间接影响其他环境因素，而其他环境因素包括人为活动加剧导致近地面臭氧、氮氧化物以及气溶胶等能够对生态系统类型、覆盖度及功能和过程产生影响。

二、生态气象学的定义

人类生存于自然界中，无时无刻不受到气象环境的制约和影响。我国自周朝以来，许多典籍中都有关于气象知识的记载。公元前 100 年前后，我国农历就确立了二十四节气，反映了作物、昆虫等生物现象与气候间的关系。1735 年，法国昆虫学家 Reaumur 发现对于单个物种，发育期间的气温总和对任一物候期都是一个常数，被认为是研究积温与昆虫发育理论的先驱。1855 年，瑞典植物学家 Candolle 将积温引入植物生态学，为现代积温理论打下了基础。气象学是研究气象变化特征和规律的学科，而气象是大气的各种物理、化学状态和现象，即冷、热、干、湿、风、云、雨、雪、霜、雷和电等的统称。2002 年，美国环境与气候学家 Bonan（2002）出版了《生态气候学》（Ecological Climatology）一书，正式提出"生态气候学"的概念，这是生态气象领域理论方面的重要成果。他认为生态气候学是理解气候系统内陆地生态系统功能的交叉学科，主要研究景观与气候之间相互影响的物理、化学和生物学过程，其核心主题是陆地生态系统是气候的重要决定因素。

目前关于生态气象学（ecometeorology）的定义虽未完全统一，但没有本质上的差异。按照周广胜等（2021）的定义，生态气象学是生物气象学的分支，它以生态系统为中心，主要研究天气与气候过程对生态系统结构与功能的影响及其反馈作用。还有学者（陈怀亮，2008）将生态气象学定义为：应用气象学、生态学的原理与方法研究天气气候条件与生态系统其他诸因子间相互作用关系及其规律的一门科学，是气象学、生态学、环境科学等学科交叉形成的一门边缘科学，也是一门新兴的专业气象科学。其他生态因子是指一切对生物生长、发育、生殖、行为和分布有直接或间接影响的因子，包括气象因子、土壤因子、水环境因子、地形因子、生物因子和人为因子等。为此，本书提出：生态气象学是一门生态学与气象学的交叉学科，是以生态系统为中心，研究天气与气候过程对生态系统结构与功能的影响及其反馈作用的科学。

生态学的原理和方法是这门学科重要的理论基础。

第二节　生态气象学的研究内容与研究意义

一、生态气象学的研究内容

生态气象学研究生态系统与气象要素和大气成分之间的相关关系,是气候系统多圈层相互作用的关键环节,服务于人与自然的和谐发展。其研究内容主要包括 6 个方面:①气象要素的生态效应格局与规律,涉及陆地与水生生态(动物、植物与行为生态学)、自然资源生长和管理(森林、农业、园艺、草地、湿地与海洋系统)、人体健康与大气适宜度以及生态系统适应性等;②气象的生态效应时空量度,涉及气象条件对生态系统的生产功能(生物量、生产力)、生态系统服务及生物多样性等的影响;③生态变化的气象贡献与归因,涉及生态系统分布与量度的变化、生态系统的能量流动与物质循环以及气象条件对生态系统变化的贡献;④生态系统对气象条件和大气组分变化的反馈作用,主要涉及生态系统变化对物理气候系统的反馈作用;⑤生态气象数值模式,采用数值模拟方法模拟生态系统与气象条件之间的相互作用,包括生态系统类型、地理分布、功能变化与天气、气候变化、气象灾害等相互作用;⑥适于人与自然和谐发展的气象与生态系统相互作用关系的途径与原则。

生态气象研究具有以下 6 个特征:①时间尺度,考虑了跨度更长时间尺度的生态预测和更短时间尺度的气象预报,即从秒至千年;②空间尺度,涉及到从气孔尺度至全球尺度,既有对地球这个生态系统的大空间尺度的模拟预测,也有微气象的精细研究;③驱动力,不仅包括天气、气候、大气成分、气候变化,还涉及生态变化(包括自然植被动态、土地利用和土地管理)及环境变化;④研究内容上,不仅包括多圈层相互作用的生物－物理－化学－社会过程与定量描述,还涉及灾变(天气、气候、气候变化、大气成分、生态等)过程、识别与灾害风险管理,多时间和多空间尺度相互作用与耦合;⑤研究方法和技术,更加注重星－地一体化系统监测与数据－模型融合分析;⑥研究目标是服务于地球系统可持续发展的人与自然的和谐发展(周广胜 等,2021)。因此,生态气象研究涉及从生理生态、生态系统至遥感等多尺度的空－天－地立体监测,需要考虑不同尺度过程之间的耦合关系,具体见图 1.1。

本书重点围绕辐射、温度、水分、风等气象因子以及大气 CO_2 浓度、近地层 O_3 浓度、酸沉降、气溶胶等大气成分展开描述,探讨各因素的时空变化规律,及其对不同类型生态系统中植被生产力及植物生理、土壤微生物及土壤动物、生物多样性变化、生态系统碳氮循环等过程的作用机制。并从生态气象的观测方法和应用技术出发,介绍微气象学方法和遥感技术的优势、特点、类型及应用流程。以期为生态气象学的理论研究和实际应用提供参考。

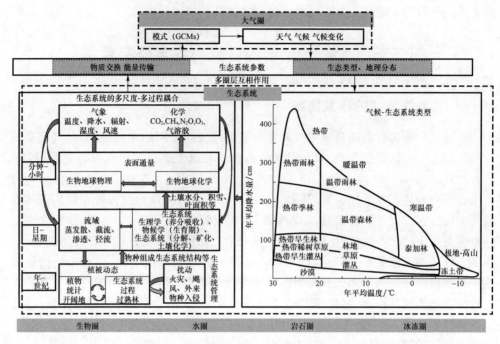

图 1.1　生态气象范式(周广胜 等,2021)

GCMs:大气环流模式(General Circulation Models)

二、生态气象学研究意义

当今生态环境问题凸显,诸如全球气候变化、全球生物资源退化及土地退化等问题已直接威胁到人类的生存与可持续发展。这些问题不仅是科学问题,也是关系人类生存、资源与环境保护、可持续发展以及国际环境外交中的热点问题。随着世界经济的进一步发展,人类社会面临的生态环境问题将会更加突出,生态与环境的保护、修复和改善任务将会更加繁重。在众多环境因素中,气象要素的变化(包括周期性的变化)最大,也最频繁。人们已普遍地认识到陆地生态系统与气候之间重要的联系与作用。生态气象学使得生态学与气象学的差别变得模糊,它是研究大气过程与生物(植物、动物与人类)及其他非生物环境间相互作用的交叉学科。通过对相关因子的监测,研究气象条件和大气成分与生态之间的相互关系和作用原理,进而分析评估陆地生态系统对大气过程的响应过程。生态气象学的目的是将物理气候学、微气象学、水文学、土壤科学、植物生理学、生物地球化学、生态系统生态学、生物地理学、植被动力学等学科结合到一起,系统研究生态系统与大气之间相互影响的物理、化学和生物过程,科学评估气候变化对陆地生态系统的影响及其反馈作用,这将有助于更好地解决目前存在的生态环境问题,为生态建设与环境保护提供科学支撑。

　　人类生存环境及社会经济的可持续发展,已引起各国政府、科学界及公众的强烈关注。科学界在 20 世纪 80 年代中期开始实施了一系列重大国际科学计划,如国际地圈－生物圈计划(IGBP,1985—2002)、全球碳计划(GCP,2002—2014)以及未来地球计划(2014—2023)等,这些计划的实施极大地促进了生态学与气象学的融合。在我国,党的十七大报告中提出"生态文明"理念后,生态问题日益受到社会各界的重视和关注。天气气候条件更成为广为关注的不同时空尺度生态演替的主要驱动因子,生态和气候相互作用、相互影响是不争的事实。各国政府已充分认识到生态环境变化及其影响因子对保护生态和维持气候相对稳定的重要性。同时,国家"一带一路"沿线、中国西部生态系统综合评估系统、泛第三极地区、长三角、珠三角、京津冀、成渝经济区、雄安新区快速城市化建设以及"两个一百年"的建设目标,都对生态气象提出了客观要求,需要全面了解与把握全球变化的客观现实以及相关学科的交叉应用。《国家应对气候变化规划 2014—2020》《中国 2030 年前碳达峰研究报告》《中国 2060 年前碳中和研究报告》是需要长期坚持的行动纲领,为生态气象的理论研究与行业应用提供了新要求与新机遇,成为生态气象交叉学科快速发展的直接动力。2020 年,国家自然科学基金委员会地球科学部调整了大气科学申请代码,将生态气象设置为二级申请代码,极大地推进了地球系统多圈层相互作用的研究以及生态学与气象学的交叉融合,对生态气象学科的发展起到了极大的促进作用。

第三节　生态系统与气象的相互作用

　　气象要素是生态系统中各种生物赖以生存的基础,直接或间接地影响着生物的生长、发育繁殖及分布等。光、温、水、风等气象因子对植物生长、类型和分布起直接作用,有的气象要素还通过改变环境因子而对生物产生间接影响,如光照条件直接影响植物的光合作用,同时光照还可以改变温度,再通过温度变化对植物的其他生理过程产生间接影响,有时甚至会改变一个区域的生态系统格局。假如没有气象要素,则生产者就没有光能来源以及适宜其生长发育的气象环境条件,从而无从生产,其他生物也没有食物能源,也就不可能存在任何形式的生命活动和各种生物。自然界中一切天气现象的出现,诸如风雨、雷电、冰洪、干旱等以及气象要素之间的相态转变就形成了一种特殊的气象环境,其优劣直接影响甚至决定着在此环境中生存、生长的人和动植物。

一、气象要素对生态系统的影响

　　气象要素包括辐射、温度、水和风等。地球表面所接受辐射根据波长范围,可分为短波辐射与长波辐射。太阳辐射是最重要的短波辐射(波长范围在 $0.29 \sim 4~\mu m$),

是地球主要的能量来源;而地球系统中最主要的两个长波辐射源(波长范围在 4.0~100 μm)为地表与大气。短波辐射与长波辐射在地球表面的收支决定了地球表面的辐射平衡,同时也是能量平衡的重要基础,维系着整个地球系统的能量流动与物质循环。太阳辐射波长范围内,不同波长的辐射对植被有不同的作用,例如可见光波段(400~700 nm)的辐射可被植被的叶绿体吸收用于光合作用。植被光合作用速率并非随着太阳辐射强度的增加而线性增加,存在着光饱和的现象。不仅如此,地球表面接受太阳辐射的时间也存在着时空差异,例如夏季的日照时长比冬季长。日照时长会影响植被的光合速率,植被通过响应日照时长的季节变化规律还会产生光周期的现象,从而影响植被的整个生长发育过程。

温度是人们最熟知且感受最直接的气象要素。首先,温度是影响生物(动物、植物、微生物)生长发育最重要的环境因子,对于生物体不同的生长发育阶段,存在下限温度、最适温度和上限温度的三基点温度,同时生长发育完成需要温度累积到一定程度(积温)。其次,温度强烈影响生物体内的生物化学反应速率。由 Vant-Hoff 定律可知,温度每增加 10 ℃,生化反应速率可增加 2~3 倍,低于下限温度或高于上限温度都会引起酶失活,甚至导致生物体死亡。此外,温度还影响动物、植物和微生物的全球分布。目前,全球变暖已经是不争的事实。气候变暖已经改变陆地生态系统中物质循环过程及其相互之间的耦合关系、生物地理格局、植物及动物物候、土壤微生物群落结构、敏感物种的丰度和分布格局等,同时也将改变生物间的相互作用和生态功能。随着全球变暖的加剧,物种和栖息地的减少,生态系统适应气候变暖的挑战正在增加。

水是任何生物体都不可缺少的重要组成成分,生物体的含水量一般为 60%~80%,有些生物可达 90%以上。水是生物新陈代谢的直接参与者,是光合作用的"原料"。水也是生物一切代谢活动的介质,如生物体内营养的运输、废物的排除、激素的传递以及生命赖以存在的各种生物化学过程,都必须在水溶液中才能进行,而所有物质也都以溶解状态才能进出细胞。对于生态气象研究而言,水主要包括大气中的水汽和生物体及其生存环境中的液态水。首先,水汽是大气中变化最活跃的成分,它不仅是重要的温室气体,也是大气温度变化范围内唯一可以发生固、液、气三相变化的成分,如果没有水汽,大气中就不会成云致雨。其次,生物体和土壤中的水主要以液态形式存在,在水势梯度驱动下,土壤中的水被植物根系所吸收,作为运输营养物质的载体,通过木质部输送至叶片,并通过叶片气孔蒸腾至大气。水分对于植物、动物和微生物生长发育影响显著,土壤水分过多或过少皆会对生物体造成水分胁迫,阻碍其生长发育。随着全球变暖,极端干旱事件频发,由此带来的生态环境效应更应受到关注。

近地面大气边界层的风速廓线通常随高度大致呈对数函数形式变化。但当有植被存在时,由于植被冠层的影响,冠层内的风速廓线变得极为复杂。风会对生态系统产生一系列的影响:风对植物的表型结构、光合作用、蒸腾过程和衰老产生影响,也会影响生态系统结构。风会影响土壤养分、结构、水分和微生物,影响昆虫的活动。大气中的能量和物质传输也会受到风的影响。总体而言,适当的风力对生态系统是有利的,而风力过大则会对生态系统造成伤害。

二、大气成分对生态系统的影响

大气成分包括大气 CO_2、近地层 O_3、酸沉降及大气气溶胶等。一方面,大气 CO_2 浓度升高促进陆地 C_3 植物光合产物积累和植被生长,增加净初级生产力和土壤碳库储量,但明显增加了氮源的需求,导致营养物质循环的减少和土壤肥力减退。大气 CO_2 浓度升高增加土壤中有机碳的输入,为土壤微生物提供了更多的可降解底物,促进了土壤微生物的活性,进而增强了土壤呼吸作用。另一方面,大气 CO_2 浓度升高,植物体内蛋白质等营养成分下降,导致食草动物摄食量增加,但食草动物会生长缓慢、发育不良,以其为食的肉食动物群体也随之受到影响。某些昆虫群体的减少,反过来又会影响虫媒植物的授粉、生殖,进而引起生态系统的退化和生产力的降低。

近地层 O_3 主要是由氮氧化物、挥发性有机化合物等前体物通过光化学反应而产生的。工业革命以来,伴随城市化的加快和化石燃料的过度燃烧,近地层 O_3 浓度在全球范围内普遍升高。近地层 O_3 主要通过气孔进入植物,形成强氧化性的活性氧,破坏细胞结构,导致植物的生理代谢紊乱,破坏抗氧化系统,从而加速叶片衰老和叶绿素降解、影响气孔开闭、减弱光合作用并且抑制植物生长,最终导致作物产量以及森林的生产力下降。O_3 减少同化物向根中的分配,从而间接引起土壤微生物群落结构和功能发生变化。O_3 也能够通过影响植物叶片中的次生代谢物,影响食草动物的食用,改变昆虫的多样性。因此,高浓度 O_3 可以对生态系统中的植物、土壤微生物以及动物等产生显著影响。

大气中常见的酸性气体污染物是 SO_2 和 NO_x,它们可以借助空气运动进行远距离传输,与大气中的水结合或吸附在大气颗粒物表面,通过干、湿沉降的形式沉降到地面。酸沉降对陆地生态系统的影响是多方面的,如生物多样性丧失,最典型的是引起森林生态系统群落物种的消亡或更替,甚至发生逆向演替。另外,作为必要的营养元素,大气氮沉降提供的活性氮对生物圈中所有生命体是有益的,且在没有超过生态系统的氮临界载荷时,可能会促进生态系统的初级生产力。但是长期高浓度的大气氮沉降会对森林和草地等陆地生态系统造成多方面的负面影响,如增加土壤氮的有效性,导致土壤酸化,影响地上植物多样性和净初级生产力,进而影响到碳、氮、磷的生物地球化学循环。对于土壤而言,氮有效性的增加和土壤酸化会降低土壤微生物多样性并改变其群落结构,影响土壤呼吸作用,并最终影响到土壤微生物和土壤动物的生态功能。

大气气溶胶能够吸收和散射太阳辐射,直接影响全球辐射平衡,进而对大气温度和降水等气象要素造成影响,这一过程被称为气溶胶的直接气候效应。此外,气溶胶可以作为凝结核影响云量、云的寿命及其光学特性,从而引起全球和区域内的温度及降水的变化,这一过程被称为气溶胶的间接气候效应。无论是直接还是间接效应,都会影响陆地生态系统的关键生物地球化学等过程,如陆地生态系统碳循环。气溶胶导致全球陆地生态系统碳循环的变化主要有两方面原因:①散射施肥效应,即气溶胶增加了散射辐射,促进植被阴生叶的光合速率;②辐射变化导致温度和湿度条件发生变化,从而改变植物生物物理和化学过程速率。

三、生态系统对气象的影响

生物与气象之间是相互作用的,生物在受到气象因子作用的同时,也会对其所处的生存环境的气象条件乃至气候系统产生不同程度的影响,这也称为生态的气候效应。

气象与生态系统是相互依存,相互作用的。不但气象因子与大气成分显著影响着生态系统结构与功能,而且生态系统也影响着气象条件,如生态系统也能改变大气的成分,调节局地气候以及影响全球变化。

1. 对大气成分的影响

生态系统可以通过吸收或排放各种气体,从而影响地球的大气成分组成,最后影响到区域空气质量和全球气候。如植物可以通过吸收 CO_2 减少大气中的 CO_2 浓度,但生态系统土壤呼吸也释放了大量的 CO_2 气体到大气中,会加剧气候变暖。农田施肥会释放大量的 NO 和 $HONO$ 到大气中,进而影响区域的空气质量,如臭氧和 $PM_{2.5}$ 的生成。

2. 对局地气候的调节

植被覆盖度和生产力的变化可以通过改变地表能量和水分平衡对近地表气温和降水产生反馈作用。植被变化对近地表气温的反馈作用主要表现在三个方面:一是植被变化在一定程度上能改变地面反照率,从而影响地表吸收的净短波辐射总量;二是植被蒸腾以潜热的形式散发到大气中时会消耗大部分地表吸收的净辐射,即植被生长增强(或减弱)会促进(抑制)地表净辐射通量在潜热和显热通量之间的分配关系;三是植被可以通过改变地表粗糙度影响潜热和显热通量大小。因此,植被对局地气候尤其是近地表温度反馈的大小和方向在一定程度上取决于地表反照率反馈和蒸散发降温作用这两大基本过程。

众所周知,夏季森林内的日间气温会低于冠层上方或空地的气温。研究表明,日间冠层上方气温高于 22 ℃时,林内气温会比冠层上方气温低 4 ℃。另一研究表明,日间林内气温 18 ℃比周围空地低 2~4 ℃。而在夜间,由于浓密的树叶阻止了表面长波辐射的散失,反而使林内温度比空地高 3 ℃左右。

植被生态系统会改变近地层风速的水平变化和垂直廓线。植被生态系统会改变地表粗糙度,从而影响水平风速的大小。在植被冠层内部,风速相对较低。在植被冠层上部,风速逐渐升高。这一风速的水平和垂直分布特征会影响植被生态系统与大气之间的能量和物质交换。

3. 对全球气候的影响

生态系统可以通过调节大气温室气体含量来间接地影响全球气候,还能通过改变水文条件、热量平衡、云层分布等对全球气候变化产生直接反馈作用。由于大气水分只占全球水分总量的 0.001%,植被的蒸腾作用和土壤的蒸发作用均会对大气中水汽的含量产生显著影响。植被也直接或间接地影响水循环。首先,植被能截留高达 1/3 的年降水量。其次,植被能降低地表水分蒸发,但同时也由于叶片的蒸腾使水分流向大气。

森林生态系统是构成陆地生态系统的主体之一,由气候变化引起的森林分布、林地土壤呼吸和生产力诸方面的变化反过来也对地球气候产生一定的反馈作用。如森林植被生产力能够反映陆地生态系统的质量状态,区域尺度森林生态系统 NPP 的时空分布规律及未来可能变化趋势,可以揭示森林植被对气候变化的响应情况。

第四节　生态气象学常用的研究方法与技术

微气象学方法是观测生态系统与大气之间能量和物质交换的重要方法。该方法主要的优势是可以进行原位无干扰的连续观测,而且在单点上观测的通量信号是通量贡献区内不同位置地面通量的加权平均,可以代表一定区域的通量交换信息。目前,常用的微气象学方法主要包括涡度相关法(eddy covariance method,EC)和通量梯度法(flux gradient method,FG)。涡度相关法是通过计算物理量的脉动与风速脉动的协方差求算湍流通量的方法,也称为涡度协方差法或涡动相关法。涡度相关法被认为是观测生态系统与大气之间能量和物质交换的直接方法,其计算原理不涉及任何经验参数,具有较完善的理论和实践验证,已经被广泛应用于不同生态系统的物质循环及能量流动的观测。根据涡度相关法的基本原理,需要对观测的目标气体进行高频采样($\geqslant 10$ Hz)。当前的科技可以实现对 CO_2、CH_4 和水汽浓度较为稳定的高频观测,而且有比较完备的涡度相关系统可供使用,但是对其他一些痕量气体的观测则受限于仪器昂贵,并且维护成本高或没有高频观测仪器。通量梯度法用目标气体的垂直梯度乘以湍流扩散系数得到目标气体通量。相对而言,通量梯度法对目标气体的采样频率要求相对低些,能够在无高频仪器可供使用的情况下实现对目标气体的浓度观测,同时观测高度可以离地面更近,对于风浪区较小的下垫面更加适用。因此,通量梯度法被广泛用于森林、草地、农田、沼泽、泥炭地和小型水体的温室气体及其同位素通量的观测研究中。此外,通量梯度法也被用于其他痕量气体的通量观测,如森林内外的氢气通量、草地气态元素汞通量和大气汞循环研究(温学发等,2021)。

遥感技术作为 20 世纪 60 年代兴起并迅速发展起来的一门综合性探测技术,它的出现和发展满足了人们认识和探索自然界的客观需要,具有其他技术手段与之无法比拟的优势,因此在生态气象学领域得到越来越广泛的应用。植被参数是生态遥感监测的主要对象。早在遥感卫星发射以前,人类就已经采用航空遥感开展植被类型遥感制图。遥感图像上的植被信息主要通过绿色植物叶片和植被冠层的光谱特性反映。不同光谱通道所获得的植被信息与植被的不同要素或某种特征状态有各种不同的相关性。因此通过选用多光谱遥感数据经分析运算,产生了大量对植被长势、结构和生物量等具有一定指示意义的植被指数。叶面积指数作为植被冠层结构最基本的参量之一,控制着植被的许多生物过程和物理过程,如光合、呼吸、蒸腾、碳循环和降水截获等,而卫星遥感提供了大区域监测叶面积指数唯一的途径。此外,遥感技术还被广泛用于植被生产力的评估。自 20 世纪 90 年代以来,随着多种中高分辨率卫星数据的普及,以及全球范围内涡度相关通量站点的建立,已经发展了众多基于遥感数据的植被生产力模型,特别是基于光能利用率原理的过程模型得到了显著发展,出现了众多应用于区域和全球的植被生产力遥感模型。除了植被参数,遥感技术还被广泛用于其他地表生态参数的监测,如地表温度、蒸散和土壤水分。

第五节　生态气象学的现状、服务需求和发展趋势

近年来,国际上开展了与生态气象相关的诸多观测,如全球气候观测系统、全球海洋观测系统及全球陆地观测系统及国际长期生态学研究网络,制订了国际生物学计划、生物多样性计划、全球陆地计划、欧亚地球科学伙伴计划等,并开展了国际生物气象研究、陆地生态系统与大气过程集成研究等。通过对生态系统下垫面的观测并引入气候系统模式,进一步认识下垫面状况对气候系统模式的影响,以此进一步提高天气气候预测预报准确率。

中国气象局十分关注生态与气象的关系,2002 年出台了《关于气象部门开展生态监测与信息服务的指导意见》(气发〔2002〕367 号)。2004 年,《中国气象事业发展战略》明确指出:"气象部门以国家粮食安全和生态安全气象保障服务为重点,积极拓展农业生态系统监测和信息服务领域,为我国农业防灾减灾,农业高产、高效和优质提供气象保障服务,为我国农业生态系统保护和建设提供科学支持",由此提出了开展生态气象业务的要求。2005 年,中国气象局制定《生态气象观测规范(试行)》(中国气象局,2005),拟通过对有关生态因子监测,研究气象条件与生态系统、环境之间的相互关系和作用机理,实时发布监测与评估报告,为生态建设与环境保护提供科学支撑。2006 年,《国务院关于加快气象事业发展的若干意见》中明确气象部门要重点开展重大生态问题的气象监测评估和预测预报业务服务,建立和完善国家、

省级生态系统气象监测预测和评估业务体系。2014年,中国气象局发文要求各省(区、市)成立"生态气象中心"。2017年发布的《中国气象局关于加强生态文明建设气象保障服务工作的意见》中,明确要求各省(区、市)成立"生态遥感中心",开展生态气象观测业务。《中国气象局2019年气候变化重点工作计划》中明确将生态气象作为中国气象局参与生态文明建设的重点工作,为此中国气象科学研究院成立生态气象科技创新团队。

除气象部门外,其他部门也开展了多年的陆地生态系统观测。中国科学院建立了"中国生态系统研究网络",共有79个陆地生态系统通量观测研究站点,分布在全国主要生态系统类型代表区域内。林业部门建立了中国森林生态系统研究网络。国家生态环境部、水利部、农业农村部、国家海洋局、自然资源部等部门还根据业务服务需求,建立了各自的监测站网,并制定了相应的观测规范。从国家安全和可持续发展需求出发,众多气象学家开展了中国西部气候生态环境演变分析与评估、中国气候与环境演变科学评估、气候变化国家评估、中国西部生态系统综合评估等项目。中国气象局也根据业务、科研发展需要,建立了地面、高空气象及农业气象观测体系,并在原有农业气象业务基础上,以遥感为主要手段,开展了涉及农业、灾害、资源、生态环境等多个领域的监测与评估服务。同时,生态气象观测逐步得到重视和加强,相关的观测规范、标准、指标体系也逐步建立,生态气象业务服务产品不断推出。各类生态模型(如水文模型、土壤模型、植被模型等以及BEPS模型、Biome-BGC模型、FOREST-BGC模型等)、气象模型(辐射模型、温度模型、降水模型、洪涝模型、干旱模型等)的构建及应用,成为探索生态气象规律和促进生态气象学发展的重要动力。随着数字化、网络化、智能化的快速发展,基于"智慧气象"理念的未来行业特色及应用领域还将不断地得以拓展。

现阶段,生态气象学正在逐渐发展成熟。作为气象学、生态学、环境科学等多学科交叉形成的一门新兴学科,生态气象学独立的理论体系框架逐渐成形,不断完善的日常生态气象业务也对生态气象学提供了很大的补充。第一,生态气象学的很多理论都是基于气象学、生态学和环境科学的原理,呈现出了综合性。第二,生态气象学并不只是对上述学科的简单继承,而是包含了很多创新,比如建立了很多生态气象的概念和指标。第三,生态气象学的产生是基于全球生态环境问题凸显的时代背景,所以生态气象学十分注重当下生态环境问题的解决,很多概念和指标更加注重实效性。在全球变化背景下,生态气象监测评估及预警问题繁多。针对理论研究与行业需求,生态气象未来将得以快速发展。根据国家生态文明建设,特别是国家发展改革委员会和自然资源部联合印发的《全国生态系统保护与修复重大工程总体规划(2021—2035年)》中关于生态气象保障任务要求,迫切需要加快推进生态气象的观测研究。今后将主要集中在生态气象长期联网观测研究、基于大数据与人工智能的生态气象信息提取与分析技术研究、生态系统对气候变化的适应性与脆弱性及其变化归因研究、生态系统主要气象灾变机制及其致灾临界条件研究、陆地生态系统关键物候期对多环境要素响应的生理生态机制与模拟模型研究、耦合生物—物理—化学—管理过程的生态气象数值模式开发、陆地生态系统变化对气候系统的反馈作用与可持续发展的对策研究、生态足迹及水碳足迹的效应评估研究、生态功能区划的气象对策研究等方面。同时,生态气象评估方法趋于规范化与标准化的方法论直接影响着人们对事物研究的途径及模式,无论是生态问题,还是气象问题,把握科学合理的标准化方法,对于监测、评价及预警的基准制定,以及质量评判至关重要,也成为未来生态气象研究的重要方向。围绕生态气象及其服务,拓展微气象学方法和遥感技术等在生态气象领域中的应用,扩大协作与信息共享,有望逐步实现相关方面的协同创新,为行业发展提供更为有效的支撑。

复习思考题

1. 气象对生态系统的作用有哪些?
2. 生态气象学的研究内容和研究特征是什么?
3. 阐述生态气象学的研究意义。
4. 气象因子对生态系统的影响包括哪些方面。
5. 大气成分对生态系统的影响体现在哪些方面。
6. 生态气象的监测技术有哪些?

主要参考文献

陈怀亮,2008. 国内外生态气象现状及其发展趋势[J]. 气象与环境科学,31(1):75-79.

秦大河,孙鸿烈,孙枢,等,2005.2005—2020 年中国气象事业发展战略[J]. 地球科学进展,20: 268-274.

王连喜,毛留喜,李琪,等,2010. 生态气象学导论[M]. 北京:气象出版社.

温学发,肖薇,魏杰,等,2021. 碳通量及碳同位素通量连续观测的技术方法与规范[M]. 北京:科学出版社.

中国气象局,2005. 生态气象观测规范(试行)[M]. 北京:气象出版社.

周广胜,周莉,2021. 生态气象:起源、概念和展望[J]. 科学通报,66(2):210-218.

Bonan G B,2002. Ecological climatology:concepts and applications[M]. Cambridge, U. K. New York:Cambridge University Press.

Odum E P,1971. Fundamentals of Ecology[M]. W. B. Saunders,Philadelphia.

Odum E P,1983. Basic Ecology[M]. Saunders College Publishing,Philadelphia.

Tansley A G,1935. The use and abuse of vegetational concepts and terms[J]. Ecology,16:284-307.

第二章　辐射与植被

辐射(radiation)是能量的一种形式,辐射或辐射传输(radiative transfer)是指电磁场快速振荡传输的能量。宇宙中的任何物体,只要其表面温度高于绝对温度零度,都能发射辐射能量。地球表面根据接受辐射的波长范围,可以分为短波辐射与长波辐射,这两部分的辐射是地球系统辐射平衡和能量平衡的重要基础。其中,太阳辐射是短波辐射,驱动绿色植被光合作用的驱动因子,是维系生物地球化学循环及生命系统的能量源泉。太阳辐射在大气及植被冠层中的传输规律、太阳辐射对植被光合作用及生长动态的影响、植被光合作用对太阳辐射的利用效率始终是生物地球化学循环研究的核心问题。

第一节　辐射的理论基础

一、地球表面的辐射组成

辐射能量是通过光量子及离散的电磁波进行传输,因此辐射能量具有波粒二象性。对地球自然环境产生重要影响的辐射能量波长范围在 $0.1\sim100\ \mu m$(图 2.1a),该范围内的辐射可以根据辐射源分为太阳辐射,也称短波辐射($0.29\sim4.0\ \mu m$)和长波辐射($4.0\sim100\ \mu m$),地球系统主要的两个长波辐射源为陆地与大气。太阳辐射又可根据对地球环境及生物的影响分为紫外辐射($290\sim400\ nm$)、可见光($400\sim700\ nm$)、近红外光($700\ nm\sim4\ \mu m$)(图 2.1b)。由于可见光可被植被光合作用所利用,因此这部分辐射也称为光合有效辐射(photosynthetic active radiation)(图 2.1c)。

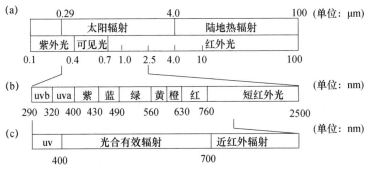

图 2.1　地球表面接受的主要电磁波谱波段范围(a)及太阳辐射波段范围(b,c)

在实际研究中,准确地度量和定义辐射能是量化物体之间辐射能量交换大小的基础。通常利用辐射通量或辐射通量密度来量化辐射能,即:

辐射通量(radiant flux):单位时间物体发射、传输、接收的辐射能量大小,单位为 W。

辐射通量密度(radiant flux density):单位面积上的辐射通量大小,单位为 $W \cdot m^{-2}$。该定义是进行辐射观测常用的定义。

太阳辐射波段中,人类肉眼可见的可见光波段,或能够驱动植被光合作用的光合有效辐射波段,常用光度计单位进行衡量,即光量子通量单位。对于光合有效辐射常用光合光量子通量密度(photosynthetic photon flux density,PPFD)度量其辐射强弱,单位为 $mol/(m^2 \cdot s)$。

二、辐射的基本定律

通过辐射的概念可知,任何一种绝对温度大于零度的物体均可以向外发射辐射。如果一个物体可以将落在其表面的辐射能量全部吸收,并且在给定温度下单位时间其单位面积可以发射所有波段最大的能量,这样的物体称为黑体(black-body)。在自然界当中,并不存在真正的黑体。但是一些物体对于某一个波段的辐射,可以视为黑体。例如,若某个物体可以吸收所有的可见光能量,则称该物体为可见光黑体,若某个物体可以吸收所有的热辐射,则称该物体为热辐射黑体。黑体辐射符合以下主要定律:

基尔霍夫定律(Kirchhoff's law):是在一定温度和相应波长下,任一物体的发射率(α_λ)与吸收率(ε_λ)相等。

斯蒂芬-玻尔兹曼定律(Stefan-Boltzmann law):自然表面发射的长波辐射通量密度(R_L)与其绝对温度 T(单位,K)的 4 次方成正比,即:

$$R_L = \sigma T^4 \tag{2.1}$$

式中,σ 是斯蒂芬-玻尔兹曼常数$[5.67 \times 10^{-8}(W \cdot m^{-2})/K^4]$。由基尔霍夫定律可知,自然界中大部分物体为灰体,其发射率并不为 1,因此自然表面发射的长波辐射通量密度需要考虑其发射率(ε)的影响,即:

$$R_L = \varepsilon \sigma T^4 \tag{2.2}$$

除了黑体辐射的基本定律之外,太阳辐射作为地球的能量来源,当太阳光线以不同的角度穿过大气层时,地表接受的太阳辐射通量密度会发生变化,其变化符合两个重要的定律,余弦定律与比尔辐射定律。

余弦定律(cosine law)又称朗伯定律(Lambert law):该定律描述了垂直于太阳光线上的太阳辐射通量密度与水平面上接受的太阳辐射通量密度之间的关系。如图 2.2 所示,当太阳光线垂直入射到地表面,即一个单位的太阳辐射通量垂直入射时,其照射的地面面积为 1 个单位,其太阳辐射通量密度 S 为 1 个单位。但是,当太阳入射光线与地表呈现出一定的夹角（即天顶角 ψ）不为零时，太阳天顶角是太阳光线与地表垂直法线之间的夹角，其照射的地表面积大于 1 个单位，在该条件下，地表的太阳辐射通量密度 S_b 小于 1 个单位（图 2.2）。因此，当入射的太阳光线与地表不垂直时，地表接受的太阳辐射通量密度 S_b 可用余弦定律求取：

$$S_b = S \times \cos\psi \tag{2.3}$$

由式（2.3）可以看出，当太阳角度 ψ 越大时，地表面接受的太阳辐射通量密度越小。

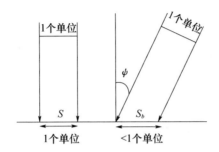

图 2.2　太阳光线垂直于地表以及与地表垂直法线呈现角度 ψ 时的辐射通量密度

当太阳辐射穿过大气到达地表时，由于大气的吸收、散射作用，以及云层的反射作用，其辐射通量密度会减小，其减小的程度与太阳辐射穿过大气的路径长度以及大气的透明程度有关系，比尔（Beer）发现其减小的规律呈指数递减，因此称该规律为比尔定律（Beer's Law），如下式：

$$S = S_0 \times \exp(-kz) \tag{2.4}$$

式中，S 为地表面上接受的太阳辐射通量密度，S_0 为大气外界表面接受的太阳辐射通量密度，z 为太阳光线穿过的大气路径长短，k 为消光系数（m^{-1}），与大气透明度有关。

第二节　自然环境中的辐射通量特征

地球自然环境中的短波辐射源为太阳辐射，最主要的长波辐射源为大气与地表。大气、地表温度、天空状况等因素影响着自然表面长波辐射通量密度。从全球的辐射平衡可以看出，太阳辐射入射到地球表面由于大气的反射、散射、吸收，以及地表的反射，被地表接受的太阳辐射仅占入射辐射的 47%。地表发射的长波辐射除少部分发射出大气层，几乎所有能量均被大气吸收；大气发射的长波辐射一部分向大气层上方辐射，另一部分以大气逆辐射的方式发射向地表，若大气中温室气体增加，还会增强大气逆辐射（图 2.3）。由此可以看出，天空的状况、大气状况、下垫面属性等因素会影响到达地表的太阳辐射及长波辐射，最终决定着不同地物表面的辐射收支与平衡。

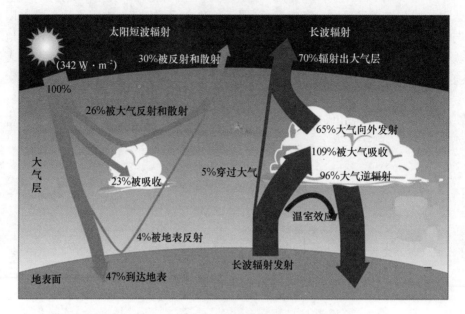

图 2.3　全球辐射平衡
(http://web. sonoma. edu/users/f/freidel/global/372lec2images. htm)

一、太阳直接辐射与散射辐射的估算

受到大气中云、水汽、气溶胶颗粒等因素的影响,到达地表的太阳辐射可以分为太阳直接辐射(direct solar radiation)与太阳散射辐射(diffuse solar radiation),两个部分构成了地表接受的太阳总辐射(global solar radiation)(图 2.4)。

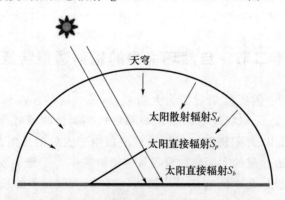

图 2.4　地表接受的太阳辐射

在气象观测站、辐射基准观测站或生态观测站中,可以利用太阳辐射计、散射辐射计观测太阳总辐射与散射辐射。通常对地表进行太阳辐射观测,观测的是水平面上接受的太阳辐射通量密度,因此在进行观测时,观测仪器需确保水平放置。若缺少直接观测,可以通过计算的方式得到。下面将具体介绍太阳直接辐射及散射辐射通量密度的计算方法。

(1)太阳直接辐射通量密度

太阳以平行光方式投射到地面上的辐射,称为太阳直接辐射。由本章第一节的二介绍的余弦定律可知,垂直于太阳光线上的直接辐射通量密度(S_p)与平行地表面上的直接辐射通量密度(S_b)的关系如下式:

$$S_b = S_p \times \cos\psi \tag{2.5}$$

式中,S_p 与大气上界垂直于太阳光线上的 S_{p_0} 之前的关系可用比尔辐射定律表示:

$$S_p = S_{p_0} \tau^m \tag{2.6}$$

式中,τ 为大气透明系数,其取值范围为 0~1。根据早期的研究结果,$\tau > 0.75$ 是非常晴朗的天空;当 τ 为 0.6~0.7 时,天空较为晴朗;τ 为 0.4~0.6,为多云天空;当 $\tau < 0.4$ 时,为阴天。m 是大气质量数,该值与太阳天顶角的关系为 $m = 1/\cos\psi$,实际计算时需要考虑海拔高度的影响,即:

$$m = \frac{P_a}{101.3\cos\psi} \tag{2.7}$$

式中,P_a 为观测点的实际大气压强,单位为 kPa。

大气上界的 S_{p_0} 仅与太阳常数 S_0(1360 W·m^{-2})及日序数 J 有关:

$$S_{p_0} = S_0 \left[1 + 0.033\cos\left(\frac{360J}{365}\right) \right] \tag{2.8}$$

(2)太阳散射辐射通量密度

来自整个天穹向下的散射辐射和反射的太阳辐射之和,称为太阳漫射辐射,但是由于下向的散射辐射远大于向下的反射辐射,因此,一般把散射辐射视作漫射辐射。来自天空到达地表的散射辐射通量密度,可以用下式进行计算:

$$S_d = 0.3(1 - \tau^m) S_{p_0} \cos\psi \tag{2.9}$$

地表接受的太阳总辐射(S_t)为直接辐射与散射辐射之和:

$$S_t = S_b + S_d \tag{2.10}$$

二、云及大气环境对太阳辐射的影响

在太阳辐射穿过地球大气的过程中,大气层中云以及气溶胶会对太阳辐射产生反射、散射和吸收的作用,因此大气中云量的变化及大气中气溶胶含量或气溶胶光化学厚度(aerosol optical depth, AOD)的变化会改变大气的反射率、散射率及吸收率,最终导致到达地表的太阳总辐射通量密度的变化,造成太阳辐射中直接辐射与散射辐射通量密度的变化。当大气中云量或大气气溶胶含量增加,会导致地表接受的太阳总辐射通量密度减小。同时,由于云量及大气气溶胶散射作用增强,会导致地表接受的太阳总辐射中直接辐射通量密度占比减小,而散射辐射通量密度占比增加。

如图 2.5 所示,夏季我国某一森林生态系统上方,晴朗天气与阴雨天气条件下,接受的太阳直接辐射通量密度、散射辐射通量密度与总辐射通量密度明显不同。在晴朗天气,森林接受的太阳总辐射通量密度、直接辐射通量密度明显大于阴雨天气,并且,直接辐射通量密度远大于散射辐射通量密度,占总辐射通量密度比例高,总辐射主要由直接辐射组成。但阴雨天气下,散射辐射通量密度大于直接辐射通量密度,占总辐射通量密度比例高,总辐射主要由散射辐射组成。

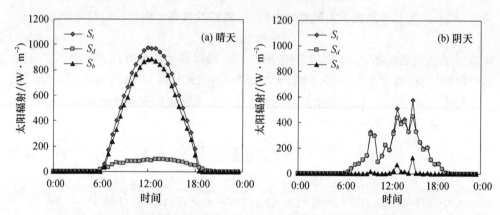

图 2.5　夏季某一森林生态系统上方,晴朗(a)及阴雨(b)天气下的太阳总辐射
通量密度 S_t、直接辐射通量密度 S_b、散射辐射通量密度 S_d 日变化特征

除了云量变化的影响,大气气溶胶的改变也会导致地表太阳辐射通量密度的变化。IPCC 第五次评估报告根据全球范围太阳辐射观测时间最长的站点——瑞典斯德哥尔摩观测的地表接受的太阳辐射变化,发现 20 世纪 60 年代至 80 年代,全球经历了一个变暗时期(global diming)(Wild,2009;Ohmura,2009)(图 2.6)。并且在欧洲、北美、南美、亚洲均观测到了这一现象(Mercado et al.,2009)。研究者发现,这一全球性的太阳辐射通量密度减小,主要是由于人为排放气溶胶增加大气污染加重而导致的(Wild,2009)。在我国,也发现了相同的现象。对上海气象站近 50 年的太阳辐射通量密度资料进行分析,1968 年至 1984 年,晴朗天空条件下地表接受的太阳直接辐射通量密度下降,而散射辐射通量密度增加;1984 年之后,直接辐射通量密度与散射辐射通量密度基本较为平稳;进入到 21 世纪,直接辐射通量密度呈现出再次下降而散射辐射上升的现象(图 2.7)(Xu et al.,2011)。由于该结果选择的是晴朗天空的条件,因此排除了云量变化对地表接受的太阳辐射的影响,由此判断,该区域太阳辐射通量密度的变化主要是由于我国大气中气溶胶含量的变化引起的。

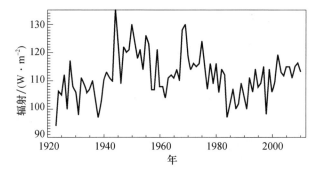

图 2.6　瑞典斯德哥尔摩地区观测的 1923—2010 年地表接受的太阳辐射的年均值变化
（Wild，2009；Ohmura，2009）

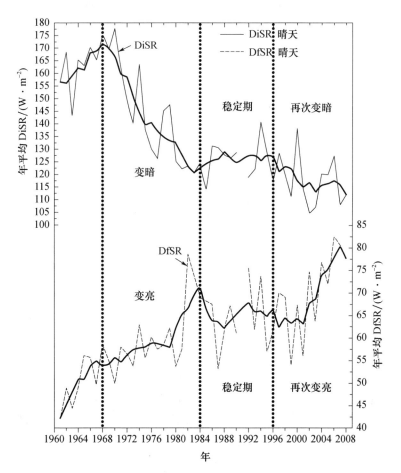

图 2.7　上海站 1961—2008 年晴朗天气条件下观测的太阳直接辐射（DiSR，细实线）与散射辐射
（DfSR，虚线）的年均值变化动态（粗黑线为 5 年滑动平均值）（Xu et al.，2011）

三、表面的辐射平衡

土壤表面、植物叶片、作物冠层、动物等任一地物的表面都会接受太阳辐射与长波辐射,其表面的辐射平衡或吸收的净辐射能量(R_n),可使表面温度升高或通过对流传导、蒸发、辐射与外界环境进行能量传输。由于地物表面与周围环境之间交换的能量决定了能量平衡过程,同时也是地表与大气之间交互作用的重要基础,因此,要准确量化地物表面与周围的能量交换,首先要准确量化表面的辐射平衡或表面净辐射。地物表面的净辐射 R_n 取决于表面吸收的短波辐射(R_s)与长波辐射(R_L)。

$$R_n = R_s + R_L \tag{2.11}$$

式中,R_s 取决于表面接受的太阳辐射 $S\downarrow$ 与表面反射的太阳辐射 $S\uparrow$,R_L 取决于地表接受的来自天空的长波辐射 $L\downarrow$ 与地表向外发射的长波辐射 $L\uparrow$(图 2.8)。因此,式(2.11)可以写为:

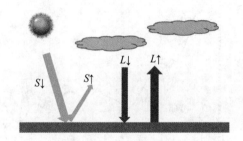

图 2.8　地表辐射收支图

$$R_n = S\downarrow - S\uparrow + L\downarrow - L\uparrow \tag{2.12}$$

式中,$S\downarrow$ 由太阳直接辐射与散射辐射组成。$S\uparrow$ 取决于地物的反照率 α。

根据斯蒂芬-玻尔兹曼定律 $L\downarrow$ 由气温 T_a 和天空发射率 ε_a 以及地表对长波辐射的吸收率 α_L 决定;$L\uparrow$ 由地表温度 T_s 与地表对长波辐射的发射率 ε_s 决定。根据基尔霍夫定律可知,地表对长波辐射的吸收率与发射率相同。因此,式(2.12)可以写为:

$$R_n = S\downarrow - \alpha S\downarrow + \alpha_L \varepsilon_a \sigma T_a^4 - \varepsilon_s \sigma T_s^4 \tag{2.13}$$

式中,负号地表能量的支出。由该式可以看出,若地物是不透明的物体,其对太阳辐射的吸收率为 $1-\alpha$;若地物可透过光线,例如叶片,还需要考虑叶片对太阳辐射的吸收率 α_s,即叶片表面吸收的太阳辐射 R_s 为:

$$R_s = \alpha_s(S\downarrow - \alpha S\downarrow) \tag{2.14}$$

在野外的辐射观测当中,可以利用四分量辐射计测量辐射的各个分量与净辐射。四分量辐射计有 4 个辐射传感器、2 个短波辐射计、2 个长波辐射计,其中一对短波辐射计和长波辐射计方向向上,测定来自天空的太阳辐射通量密度和长波辐射通量密度;另外一对短波辐射计和长波辐射计方向向下,测定地表反射的太阳辐射通量密度和地表发射的长波辐射通量密度,测定的 4 个辐射分量根据式(2.12)即可得到净辐射。图 2.9 为夏季观测的某草地生态系统冠层上方各个辐射收支项的日变化特征。从图中可以看出,地表反射的太阳辐射较小,由于夏季地表有植被覆盖,其反照率约为 0.2。一天当中地表向外发射的长波辐射均大于地表接受的来自大气的长波辐射。净辐射在白天为正值,表示草地生态系统在白天表现为净的辐射收入,是吸收能量的过程。夜间由于太阳辐射为零,净辐射为负值,表示地表为净辐射支出,是散失辐射能量的过程。

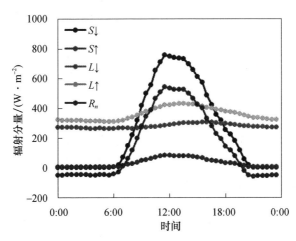

图 2.9　某草地生态系统夏季向下的太阳辐射($S\downarrow$)、地表反射的太阳辐射($S\uparrow$)、来自大气的长波辐射($L\downarrow$)、地表发射的长波辐射($L\uparrow$)以及净辐射(R_n)的日变化动态

第三节　植被冠层中的辐射平衡

太阳辐射驱动植被的光合作用,并与长波辐射一同决定了植被表面的辐射平衡,这些生物物理及化学过程维系着整个地球的生命系统。植被冠层结构复杂,冠层中叶片的垂直和水平分布会影响辐射在冠层中的传输,尤其是太阳辐射的传输。由于植被冠层不同层中叶片对太阳辐射的反射、散射及吸收作用,导致冠层表面到冠层底部每一层的辐射环境都不相同,这影响着整个冠层的光合作用、蒸腾作用、热量交换及能量平衡过程。不仅如此,植被冠层对光的截获会导致植被冠层下方土壤表面的辐射平衡和能量平衡发生改变,从而影响土壤表面植被的光合作用、蒸腾作用等生物化学及生物物理过程,最终影响整个生态系统的物质循环及能量平衡过程。

由于植被冠层的多样和复杂性,辐射在冠层中的传输规律是一个较为复杂的科学问题。本小节将在介绍冠层结构的基础上,重点阐述太阳辐射在冠层中的传输规律及植被冠层中的辐射平衡。

一、冠层结构

植被冠层通常是由树干、枝条和叶片构成。树干、枝条和叶片的数量、形状及大小,以及在空间上的分布和随时间的变化都会影响冠层的结构。为了使问题简化,并定量地表征植被冠层的结构,假设一个理想的植被冠层在水平地面上是水平均匀分布的,这样就可以用最简单的参数植被冠层平均厚度(height or thickness of canopy,h_0)和叶面积指数(leaf area index,LAI)来表征理想冠层的结构。

叶面积指数通常定义为半表面积指数(hemi-surface area index,HSAI)。因为叶片具有两个表面,对于叶面较薄的阔叶,半表面积指数等同于叶面积指数,即单位地面面积上所有叶片的剪影(一个表面)面积。在研究中,通常利用累积叶面积指数衡量辐射从冠层顶部传输到底部所穿过的光学路径。累积叶面积指数(LAI)是指高度 h_0 的单位横截面积上的垂直圆柱内的所有叶片面积。

对于作物和草本植被的冠层,叶片是决定冠层结构以及冠层与大气之间交互作用的主导要素,在整个冠层中所占比例较大,植物的茎干和枝条可以忽略。然而对于乔木占主导的森林,枝条、茎秆这些冠层中木质要素的影响就不能忽略,尤其是落叶森林在秋季到冬季树叶枯落之后,木质要素的剪影面积指数(woody area index,WAI)就是表征冠层特征的重要参数。WAI 与 LAI 之和叫作植被面积指数(Plant area index,PAI)。

$$PAI = LAI + WAI \qquad (2.15)$$

农田、森林、草地、灌丛等生态系统的主要组成植被并不相同,其冠层高度、叶面积指数都存在很大的差异(图 2.10)。总体上,森林生态系统的冠层高度和叶面积指数都较大,冠层郁闭。例如,热带雨林因水热条件充沛,拥有最高的冠层高度和叶面积指数,其冠层复杂程度也较高。其次是草地和农田生态系统。荒漠地区植被稀疏,相应其植被冠层高度及叶面积指数均较低(图 2.10)。在典型的落叶阔叶森林生态系统的夏季旺盛生长季节里,累积叶面积指数 LAI、木质要素面积指数 WAI 在垂直方向的分布如图 2.11 所示,LAI、WAI 从冠层顶部随着冠层深度的增加而增加。

除了叶面积指数之外,叶片在冠层中的分布和叶片的倾斜角度也会影响到冠层结构及光在冠层中的传输。很多植被冠层中,叶片会呈现出统一的倾斜角度,但是,有些植被冠层,叶片会呈现出不同的倾斜角度,该角度会在垂直到水平范围内变化,从而使光在冠层中的传输变得更为复杂。

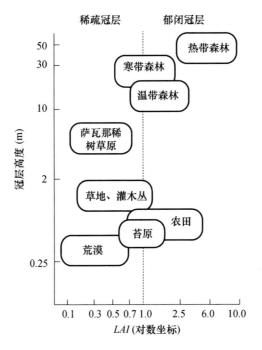

图 2.10　不同生态系统类型冠层高度及 *LAI* 分布(Graetz,1991)

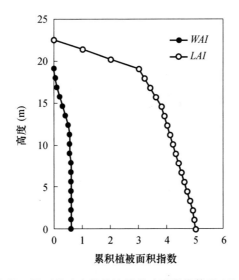

图 2.11　美国东部田纳西落叶森林局地累积叶面积指数(*LAI*)与木质要素面积
指数(*WAI*)的垂直分布(Hutchinson et al.,1986)

二、太阳辐射在冠层中的传输

植被冠层的 LAI 以及叶倾角的分布会影响冠层中每一层接受的太阳辐射。在实际处理中,假设冠层为理想的冠层,在水平地面上叶片呈随机、水平分布且近似为黑体。当太阳直接辐射以天顶角 ψ 入射到该冠层时,叶面积指数为 L_t,太阳直接辐射在冠层中的衰减近似符合比尔辐射定律:

$$\tau_b(\psi) = \exp(-K_b(\psi)L_t) \tag{2.16}$$

式中,$\tau_b(\psi)$ 为穿过冠层的直接辐射比例,即没有被冠层截获,能够入射到冠层下方土壤表面的直接辐射比例,这部分辐射能够驱动地表覆盖植被的光合、蒸腾,以及土壤的蒸发。被上层冠层截获的直接辐射比例为 $1-\tau_b(\psi)$,这一部分的辐射可以驱动冠层的光合作用和蒸腾作用(图 2.12)。$K_b(\psi)$ 为冠层的消光系数,随着太阳天顶角而变化。该数值是冠层中能够接受直接辐射的叶片上直接辐射通量密度平均值与冠层上方水平面上直接辐射通量密度的比值,可以表征叶片对直接辐射截获的量。如果冠层是完全水平的,则 $K_b(\psi) = 1$。但是,冠层并非完全水平,且叶片也并非黑体,因此在不同的叶倾角分布下,消光系数存在变化。

图 2.12　太阳辐射在冠层中的传输

根据式(2.16),如果入射到冠层上方水平面上的太阳直接辐射通量密度为 S_{b_0},则入射到冠层以下的 S_b 为(图 2.12):

$$S_b = S_{b_0} \tau_b(\psi) = S_{b_0} \exp(-K_b(\psi)L_t) \tag{2.17}$$

累积叶面积指数 L_t 随着冠层的高度变化,因此可以利用其随冠层高度的变化 $L_t(z)$,计算冠层中不同层次能够接受的太阳辐射。

$$S_b(z) = S_{b_0} \tau_b(\psi) = S_{b_0} \exp(-K_b(\psi)L_t(z)) \tag{2.18}$$

由式(2.18)可以得到太阳辐射在冠层垂直方向上的分布特征。图 2.13 为一处典型草地生态系统冠层中不同层次太阳辐射通量密度,从图中可以看出,一天中同一时刻,太阳辐射通量密度从冠层顶部到底部呈指数降低。

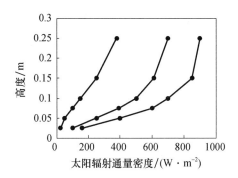

图 2.13　一天不同时刻草地冠层中太阳辐射随冠层高度的变化

(Hutchinson et al. ,1986)

与太阳直接辐射不同,太阳散射辐射来自天空的各个方向,因此其在冠层中的衰减不同于直接辐射。透过冠层的散射辐射比例 τ_d 为:

$$\tau_d = 2\int_0^{\frac{\pi}{2}} \tau_b(\psi)\sin\psi\cos\psi \mathrm{d}\psi \tag{2.19}$$

当叶片水平分布,$\tau_b(\psi)$ 与 ψ 无关,此时 $\tau_d = \tau_b$,但是,若叶片非水平分布,则需要利用数值求解的方法对式(2.19)求解。由于散射辐射在冠层中某一层不同倾角叶片上的分布是相对均一的,因此入射到冠层某一层叶片表面的散射辐射通量密度可以利用式(2.19)来计算。

三、植被冠层的光截获模型

由上一节内容可知,冠层截获的太阳直接辐射的比例为 $1-\tau_b(\psi)$。决定这一部分辐射通量密度的要素包括叶面积指数和消光系数。因此,需要知道消光系数 $K_b(\psi)$ 具体的求解方程,才能计算出被截获的太阳辐射通量密度。

消光系数会随着太阳天顶角和冠层中叶片的倾角分布而改变。由于并不是所有冠层中叶片的分布都是水平的,大部分冠层叶片的倾角分布呈椭球体,即叶片的投影类似椭圆形,在该分布条件下的消光系数 K_{be} 求解方程为:

$$K_{be}(\psi) = \frac{\sqrt{x^2 + \tan^2\psi}}{x + 1.774(x + 1.182)^{-0.733}} \tag{2.20}$$

式中,参数 x 为冠层要素在水平表面与垂直表面上的平均投影面积比例。对于球型叶倾角分布,由于在垂直表面与水平面上投影为等面积的圆形,因此 $x=1$;垂直分布叶倾角,由于在垂直表面上的投影面积远远大于水平面上,因此 $x=0$;对于水平叶倾角,x 趋于无穷,因为该叶倾角下,水平面上的投影面积远远大于垂直表面上的投影面积。表 2.1 中给出常见作物叶倾角分布参数 x 的取值。

表 2.1   常见作物叶倾角分布参数 x 取值(Campbell et al. ,1994)

作物	x	作物	x
黑麦草	0.67~2.47	烟草	1.29~2.22
玉米	0.76~2.52	土豆	1.70~2.47
黑麦	0.8~1.27	蚕豆	1.81~2.17
小麦	0.96	向日葵	1.81~4.1
大麦	1.20	白三叶草	2.47~3.26
牧草	1.13	大豆	0.81
高粱	1.43	甜菜	1.46~1.88
紫花苜蓿	1.54	油菜	1.92~2.13
杂交甘蓝	1.29~1.81	草莓	3.03
黄瓜	2.17		

由此可见,已知太阳天顶角、叶面积指数,就可结合式(2.17)、式(2.20)求得冠层截获的太阳直接辐射通量密度。

四、植被冠层对太阳辐射的反射作用

植被冠层截获的太阳辐射,并不能全部用于驱动冠层的生物物理及生物化学过程,其中一部分太阳辐射会被反射出冠层。若冠层是随机分布,叶片倾角为水平,累积叶面积指数为 L_t,则冠层反射率由下式计算:

$$\rho_{\text{cpy}}^{\text{H}} = \frac{1-\sqrt{\alpha}}{1+\sqrt{\alpha}} \tag{2.21}$$

式中,α 为叶片的吸收率。对于叶片水平且郁闭的冠层,对光合有效辐射的吸收率 $\alpha=0.8$,因此 $\rho_{\text{cpy}}^{\text{H}}=0.056$,近红外波段 $\alpha=0.2$,$\rho_{\text{cpy}}^{\text{H}}=0.38$,对于太阳辐射 $\alpha=0.5$,$\rho_{\text{cpy}}^{\text{H}}=0.17$。

五、植被冠层的长波辐射

冠层中任意一层中的净长波辐射 L_n 由 4 个部分构成:第一,来自大气入射到冠层中未被上一层截获的长波辐射;第二,来自上一层的叶片和其他枝条、茎干发射的长波辐射;第三,冠层下部的叶片、枝条、茎干发射的长波辐射;第四,来自地面未被冠层底层的叶片、枝条、茎干截获的长波辐射。如果将冠层看作一个整体,则整个冠层的净长波辐射由来自天空被冠层截获的长波辐射、来自地面被冠层截获的长波辐射、冠层向上及向下发射的长波辐射组成(图 2.14)。

六、植被冠层的净辐射

若将植被的整个冠层看作一个整体,则冠层的辐射收支及冠层以下土壤表面的辐射收支示意图如图 2.14 所示。

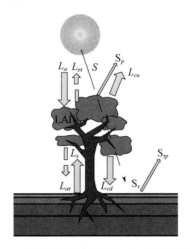

图 2.14　植被冠层及冠层下土壤表面的辐射收支

(到达冠层表层的太阳总辐射 S、冠层反射的太阳辐射 S_p、透过冠层的太阳辐射 S_τ、
地表反射的太阳辐射 $S_{\tau p}$、到达冠层来自天空的长波辐射 L_a、透过冠层的来自
天空的长波辐射 $L_{a\tau}$、来自地面的长波辐射 L_s、透过冠层的来自地面的长波辐射 $L_{s\tau}$、
冠层向下和向上发射的长波辐射 L_{cu} 和 L_{cd})

从图 2.14 中可以看出,冠层中净短波辐射取决于到达冠层表层的太阳总辐射 S、冠层反射的太阳辐射 S_p 及透过冠层的太阳辐射 S_τ,即:

$$S_{nc} = S - S_p - S_\tau \tag{2.22}$$

冠层中净长波辐射取决于到达冠层来自天空的长波辐射 L_a、透过冠层的来自大气的长波辐射 $L_{a\tau}$、来自地面的长波辐射 L_s、透过冠层的来自地面的长波辐射 $L_{s\tau}$、冠层向下、向上发射的长波辐射 L_{cu} 和 L_{cd},即:

$$L_{nc} = (L_a - L_{a\tau}) + (L_s - L_{s\tau}) - (L_{cu} + L_{cd}) \tag{2.23}$$

冠层的净辐射 R_{nc} 为:

$$R_{nc} = S_n - L_n \tag{2.24}$$

这一部分的净辐射用于驱动冠层与外界的热量交换。

冠层以下土壤表面的净太阳辐射取决于透过植被冠层的太阳辐射 S_τ、地表反射的太阳辐射 $S_{\tau p}$,即:

$$S_{ns}=S_\tau-S_{\tau p} \tag{2.25}$$

土壤表面的净长波辐射取决于透过植被冠层来自天空的长波辐射 $L_{a\tau}$、冠层向下发射的长波辐射 L_{cd}，以及地表发射的长波辐射 L_s，即：

$$L_{ns}=L_{a\tau}+L_{cu}-L_s \tag{2.26}$$

则土壤表面的净辐射 R_{ns} 为：

$$R_{ns}=S_{ns}-L_{ns} \tag{2.27}$$

土壤表面的净辐射用于驱动土壤与外界之间的热量交换。

第四节　太阳辐射对植被光合作用的影响

植被的光合作用是地球上一切生命的物质及能量基础。植被的光合作用是在太阳辐射的驱动下完成的。由上述内容可知，太阳辐射由不同波长的光组成，太阳辐射通量密度会随着时间和空间变化，并且地球上不同区域，随着太阳在地球南北回归线之间移动，日照时长也存在着季节及空间变化。不仅如此，受到人为活动和气候变化的影响，地表接受的太阳辐射通量密度、太阳辐射中直接辐射与散射辐射的比例都会发生变化，这些都会影响植被的光合作用。本节将介绍太阳辐射光谱、太阳辐射通量密度及日照时长对植被光合作用的影响。

一、太阳辐射光谱对植被光合作用的影响

太阳辐射不同波段的光对植被的光合作用、生长发育所起的作用不同。例如适量的紫外辐射会刺激植被的生长发育，但是过强的紫外辐射会对植被造成损伤。红外热辐射有利于植被的生长发育。

太阳辐射中只有可见光能够被植被吸收驱动光合作用，因此该波段的辐射也被称为光合有效辐射。但是，植被叶绿素对可见光波段的吸收强度不尽相同（图 2.15）。绿光几乎不能被植被吸收利用，而是被植被叶片反射，这也是为什么看到的植被叶片呈现出绿色。植物体内进行光合作用的三种色素叶绿素 a、叶绿素 b 及类胡萝卜素均在可见光的蓝光波段存在显著的吸收峰值，叶绿素 a、叶绿素 b 在红光波段也存在显著的吸收峰值（图 2.15）。由此可见，红光与蓝光能够真正被植物的光合作用吸收利用。值得注意的是，在蓝光波段，叶绿素 b 对蓝光的吸收峰值大于叶绿素 a，该特性使得在植被冠层中下部的被遮阴叶片中，叶绿素 b 的含量大于叶绿素 a。该现象的出现是由于被遮阴的叶片只能接受太阳散射辐射进行光合作用，而太阳散射辐射中蓝光比例较大，这反映了植物对光环境的适应性。

蓝光和红光不仅仅会被植被的光合作用吸收，同时也会促进植被的生长发育。蓝光会促使叶绿素合成、终结植被休眠、促进叶片的生长和植被发育。红光促进植物发芽、根、块茎、球茎的生长、植被开花及果实的生长。

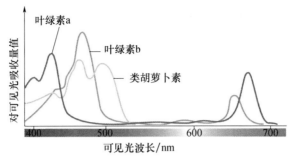

图 2.15　叶绿素 a、叶绿素 b 及类胡萝卜素对可见光波段的
吸收强度示意图(彩图见书后)

　　根据叶绿素对可见光的吸收特性,在温室或塑料大棚中可以采用红色、蓝色薄膜覆盖以提高入射光中红蓝光比例,促进植被的生长。随着 LED 人工光源的广泛使用,当前可以使用红、蓝 LED 人工光源来促进植被的生长发育。就从光强与光质对一种菊科植物蓍(*Achillea millefolium* L.)生长发育的影响研究中发现:水培环境下,该植物在 LED 蓝光光源下长势最好(图 2.16),主要体现在总干物质、芽的干物质、根的干物质以及芽的长度、根的长度和数量都显著大于其他光源下的相应指标(表 2.2)(Alvarenga et al. ,2015)。

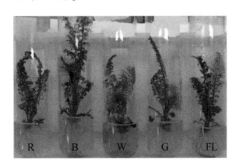

图 2.16　水培环境下蓍(*Achillea millefolium* L.)在红光(R)、蓝光(B)、白光(W)、
绿光(G)、荧光(FL)下的生长状况(Alvarenga et al. ,2015)(彩图见书后)

表 2.2　水培环境下生长 45 d 后蓍(*Achillea millefolium* L.)
在不同光源下的生长指标量值(Alvarenga et al. ,2015)

光源	芽干物重/(mg·株$^{-1}$)	根干物重/(mg·株$^{-1}$)	总干物重/(mg·株$^{-1}$)	芽长/cm	根长/cm	根数量
蓝光	113.37[a]	16.57[a]	129.95[a]	5.38[a]	7.69[a]	7.97[a]
红光	57.55[b]	2.61[b]	60.16[b]	4.38[b]	4.22[b]	4.29[c]
绿光	37.25[c]	4.30[b]	41.55[c]	4.97[a]	2.82[c]	3.33[d]
白光	63.50[b]	5.12[b]	68.62[b]	4.05[b]	4.37[b]	4.98[c]
荧光	66.98[b]	2.51[b]	69.48[b]	3.44[b]	7.47[a]	5.44[b]

注:上角标字母表示在 $p < 0.05$ 水平下的差异显著性检验。

二、太阳辐射通量密度对植被光合作用的影响

太阳辐射中的光合有效辐射(photosynthetic active radiation,PAR)驱动植被光合作用,光合有效辐射通量密度或光量子通量密度(photosynthetic photon flux density,PPFD)的变化会导致光合作用速率的变化。通常认为,光合作用速率会随着PPFD 的增加而增加,但在短时间(小时)尺度上光合作用速率随 PPFD 的增加并非是线性增加。通常将短时间(小时)尺度上植被光合作用随 PPFD 增加的曲线叫作植被光合作用的光响应曲线(图 2.17)。光响应曲线的特征体现了植被的光合特性。

(1)单叶尺度

在叶片尺度上,光合速率随 PPFD 的增加分为两个阶段。第一阶段为初始响应阶段,其主要特征是光合速率随着 PPFD 的增加近似线性增加,该阶段主要是光强不足的限制;当 PPFD 继续增加,光合作用逐渐大于呼吸作用,当净光合作用速率等于零时,即光合作用速率等于呼吸作用速率,这时对应的光强称为光的补偿点(light compensation point,L_{cp}),当 PPFD 大于光的补偿点,才会有净光合产物的累积。该阶段中,光合速率随光照强度增加的速率,即近线性的斜率为初始量子效率(intrinsic quantum efficiency or quantum yield,α),该参数表征了植被对光的利用能力。第二阶段为光饱和阶段,其主要特征是光合速率不再随着 PPFD 的增加而增加,即光强过高导致的光饱和现象,当光合速率不再随着光照强度的增加而增加所对应的 PPFD,称为光饱和点(light saturation point,L_{sp}),在光饱和点对应的光合作用速率称为光饱和时的最大光合作用速率(light saturated maximum photosynthetic rate,P_{max}),该参数表征了植被的光合能力,该数值越大,代表植被的光合能力越强(图 2.17)。由此可见,并非光合有效辐射强度越大越有利于植被的光合作用,植被的光合作用对光的响应存在饱和点。

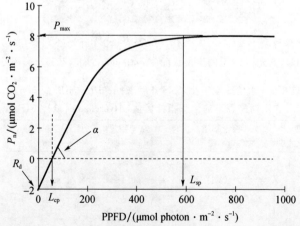

图 2.17 植被光合作用速率(P_n)对光量子通量密度(PPFD)变化的光响应曲线

(图中,α 是初始量子效率,L_{cp} 为光补偿点,R_d 为暗呼吸,P_{max} 为光饱和时的最大光合作用速率)

从图 2.17 可以看出光响应曲线并非直线而是双曲线的形式。因此,可以用双曲线方程进行模拟。光合作用速率对 PPFD 变化的响应特征早在 20 世纪初就被发现,Michaelis-Menten 在 1913 年建立了直角双曲线模型来描述这条光响应曲线(Thornley,1983):

$$P_n = \frac{\alpha \text{PPFD} \, P_{\max}}{\alpha \text{PPFD} + P_{\max}} - R_d \tag{2.28}$$

式中,PPFD 的单位为:μmol photon $\cdot$ m^{-2} $\cdot$ s^{-1},净光合作用速率 P_n 与光饱和时的最大光合速率 $P_{\max}$、暗呼吸速率 R_d 的单位为 μmol CO$_2$ $\cdot$ m^{-2} $\cdot$ s^{-1},初始量子效率 α 的单位为 μmol CO$_2$/(μmol photon)。该方程从建立之日开始,一直广泛应用至今。直角双曲线模型建立的基础是假设光合作用是由单一的酶促反应驱动完成,但实际上光合作用是由多种酶促反应驱动完成。因此,利用直角双曲线模型并不能很好地模拟光饱和阶段的光合速率,即在光饱和阶段,光合作用随着光强的增加还有增加的趋势。为了修正该模型,Thornely(1976)和 Herrick 等(1999)几位科学家在酶促反应动力学的基础上,建立了非直角双曲线模型:

$$P_n = \frac{\alpha \text{PPFD} + P_{\max} - \sqrt{(\alpha \text{PPFD} + P_{\max})^2 - 4\theta \alpha \text{PPFD} \, P_{\max}}}{2\theta} - R_d \tag{2.29}$$

式中,θ 为光响应曲线的曲率,该参数的加入可以很好地区分开光合作用对光响应的初始阶段与饱和阶段(图 2.18)

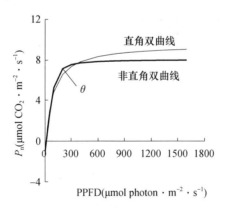

图 2.18　直角双曲线(rectangle hyperbola)与非直角双曲线(non-rectangle hyperbola)模拟的
净光合速率(P_n)对光量子通量密度(PPFD)变化响应曲线的差异

利用直角双曲线与非直角双曲线对紫椴(*T. amurensis*)的光响应曲线进行模拟可以发现,两个曲线方程都能很好地模拟该树种的光响应曲线。不同的是直角双曲线拟合的结果在光饱和阶段光合作用还有上升的趋势,而非直角双曲线的模拟结果,净光合作用速率几乎不再随着 PPFD 的增加而增加。由直角双曲线拟合得到的最大净光合速率大于非直角双曲线(图 2.19)。

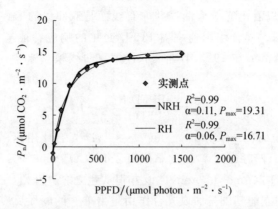

图 2.19　直角双曲线（RH）与非直角双曲线（NRH）模拟的紫椴（*T. amurensis*）的
光响应曲线（张弥 等，2006）

植被光合作用的光响应曲线以及光响应曲线中的各个生理参数可以体现植被的光合生理特性。研究植被的光响应曲线可以了解植被光合生理特征的变化。从冬小麦不同生育期的光响应曲线得到的参数可以看出，在抽穗期及灌浆初期其具有最大的光饱和时的最大光合速率（表 2.3）（陆佩玲 等，2000），说明该时期冬小麦具有较强的光合作用能力，是生长的关键时期。在冬小麦乳熟期和蜡熟期光饱和时的最大光合速率迅速下降。

表 2.3　利用非直角双曲线得到的冬小麦不同生育期光合作用的光响应曲线（陆佩玲 等，2000）

	拔节期	孕穗期	抽穗期	灌浆初期	乳熟期	蜡熟期
$\alpha/$ [μmol CO_2/(μmol photon)]	0.075	0.048	0.065	0.077	0.032	0.051
$P_{max}/$ (μmol $CO_2 \cdot m^{-2} \cdot s^{-1}$)	21.5	22.4	23.1	24.7	16.1	13.1
$R_d/$ (μmol $CO_2 \cdot m^{-2} \cdot s^{-1}$)	0.65	0.15	0.1	0.13	0.05	3.1

不同植被的光响应曲线，可以体现不同植被的光合特性。水稻和玉米是典型的 C_3 和 C_4 作物，对比两种作物生长季的光响应曲线可以发现，C_4 植被玉米的光合能力明显大于水稻，尤其高光强下玉米依然具有较高的光合作用速率（图 2.20）（于贵瑞 等，2010）。

（2）冠层尺度

通常认为，植被光合作用在强光下的光饱和现象仅在单叶尺度上出现，然而在冠层尺度、生态系统尺度也存在光合作用的光饱和现象（图 2.21）。不同于单叶尺度，冠层尺度光饱和点及光饱和时的最大光合作用速率都要高于单叶尺度。该现象与植被冠层光环境特征有关系,植被冠层中下层存在着大量被遮阴的叶片,光照并不充足。因此,当入射到冠层的 PPFD 增强的时候,冠层中下部的叶片才能得到较强的 PPFD 进行光合作用。通过对苜蓿草地生态系统及大豆生态系统净光合作用对光的响应特征分析发现,两个生态系统中依然存在着光饱和现象(图 2.22)。

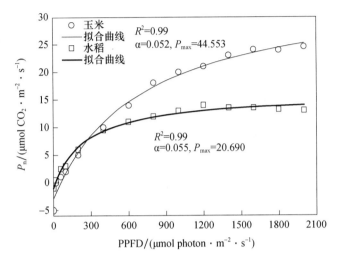

图 2.20　水稻、玉米光合作用的光响应曲线

(于贵瑞 等,2010)

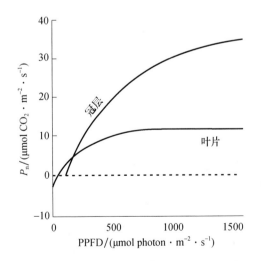

图 2.21　叶片尺度与冠层尺度光合作用(P_n)对光量子

通量密度(PPFD)的响应曲线(Ruimy et al.,1995)

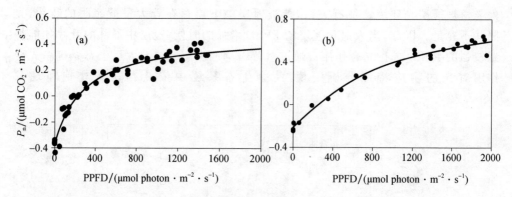

图 2.22　苜蓿草地(a)及大豆(b)生态系统光合作用的光响应特征(Gilmanov et al.,2010)

三、日照时长对植被光合作用的影响

光照时间对植被的光合作用也会产生影响。一天之内,光照时间越长,植被光合作用累积的有机物质会越多,且增加光照时间也可以弥补光照强度的不足。例如在高纬度区域,其接受的太阳辐射通量密度低于全球其他区域,但考虑到夏季该区域的日照时间长,该区域的生态系统光合生产力并不低。

在室内和大田可以通过不同的方式延长日照时长来提高作物的光合作用和光合生产力。温室栽培可以利用人工光源延长光照时长增强植被的光合作用。大田作物种植生产中可以充分利用当地的气候特征,通过轮作或提高复种指数来提高同一片大田的光合生产力。在我国黄河流域一带,农业生产通常采用的是一年两熟的轮作制度,如冬小麦和夏玉米的轮作,从而保证一个区域在一年当中种植的大田当中都有作物生长,充分利用该区域的日照时长和光照资源,提高光合生产力。

日照时长不仅仅会影响植被的光合作用和光合生产力,还会影响植被的整个生长发育。日照时长影响植被生长发育最重要的过程就是光周期。光周期是开花植物通过捕光蛋白感知昼夜交替的季节变化,从而控制植物开花的现象。除了开花以外,根茎的形成、叶片的脱落与芽的休眠也会受到光周期的控制。按照植物开花对日照长度的响应不同,可以将植物分为长日植物(long-day plant)、短日植物(short-day plant)与日中性植物(day-neutral plant)。长日植物是指 24 h 的昼夜周期中,日照长度长于一定时数的情况下才能开花的植物,即植被要经历相对短的夜长才能开花。这样的植物通常生长在高纬度地区,在春末夏初季节开花,主要的农作物有小麦、萝卜、白菜等。短日植物是指 24 h 的昼夜周期中,日照长度短于一定时数的条件下才能开花的植物,即植物要经历相对长的夜长才能开花。这样的植物通常生长在低纬度地区,在夏秋季节开花,主要的农作物有水稻、棉花、大豆、玉米等(表 2.4)。日中性植物对日照长度不敏感,其他生长条件满足,即可开花,主要的植物有月季、黄瓜、番茄等。

表 2.4　长日植物与短日植物的特征

	长日植物	短日植物
光周期特征	日照长度长于一定时数时	日照长度短于一定时数
生长地区	高纬度或温带地区	低纬度或热带地区
开花季节	春末夏初	夏秋
代表性植物	小麦、大麦、油菜、白菜	水稻、棉花、大豆、玉米

综上所述，太阳辐射的光质、光强、光照时间都会对植物的光合作用产生影响，因此需要充分利用植物光合作用对光质、光强、光照时间的响应特征，提高植物的光合生产力。

复习思考题

1. 在中国某一观测站点位于 32°N、115°E，2020 年 6 月 20 日 11 时，大气透明系数 τ 为 0.65，观测的大气压强为 100 kPa，下垫面的反照率为 0.25，求解：

(1) 水平地表面上接受的太阳辐射的各个组分。

(2) 计算地表面接受的净太阳辐射。

(3) 若此时，测量的大气温度为 28 ℃，地面的温度为 30 ℃，大气的发射率为 0.85，地表的发射率为 0.95，试求解地表的长波辐射收支并计算地表的净辐射。

2. 试写出森林生态系统冠层及冠层下方土壤表面的净辐射方程，并讨论其影响因素。

3. 植物主要吸收太阳光谱中的哪一个波段的光进行光合作用，该波段的光对植物的生长发育有什么影响？

4. 根据下列观测的蒙古栎叶片在不同光量子通量密度（PPFD）下的净光合作用速率（P_n），绘制光响应曲线，并利用直角双曲线与非直角双曲线模型模拟光响应曲线得到初始量子效率、光饱和时的最大光合作用速率及暗呼吸速率 3 个特征参数。

PPFD/ (μmol photon $\cdot$ m^{-2} $\cdot$ s^{-1})	0	50	100	200	300	400	500	700	900
P_n/ (μmol CO$_2$ $\cdot$ m^{-2} $\cdot$ s^{-1})	−0.2	3.0	5.8	9.1	10.9	11.7	11.9	12.1	12.0

5. 试述 C$_3$、C$_4$ 两种光合途径的植物的光合作用的光响应曲线差异。

6. 日照时长对植物的光合作用和生长发育有什么影响？

主要参考文献

陆佩玲,罗毅,刘建栋,等,2000. 华北地区冬小麦光合作用的光响应曲线的特征参数[J]. 应用气象学报,11(2):236-241.

于贵瑞,王秋凤,2010. 植物光合、蒸腾与水分利用的生理生态学 [M]. 北京:科学出版社.

张弥,吴家兵,关德新,等,2006. 长白山阔叶红松林主要树种光合作用的光响应曲线[J]. 应用生态学报,17(9):1575-1578.

Alvarenga I C A,Pacheco F V,Silva S T,et al,2015. In vitro culture of Achillea millefolium L.: quality and intensity of light on growth and production of volatiles [J]. Plant Cell Tissue and Organ Culture,122:299-308.

Campbell G S,van Evert F K,1994. Light interception by plant canopies efficiency and architecture [M]. In J. L. Monteith, R. K. Scott, and M. H. Unsworth, Resource Capture by Crops, Nottingham University Press.

Gilmanov T G,Aires L,Barcza Z,et al,2010. Productivity, respiration, and light-response parameters of world grassland and agroecosystem derived from flux-tower measurements [J]. Rangeland Ecology Management,63:16-39.

Graetz R D,1991. The nature and significance of the feedback of change in terrestrial vegetation on global atmospheric and climatic change [J]. Climatic Change,18:147-173.

Herrick J D,Thomas R B,1999. Effects of CO_2 enrichment on the photosynthetic light response of sun and shade leaves of canopy sweetgum trees (Liquidambar styraciflua) in a forest ecosystem [M]. Tree Physiology,19:779-786.

Hutchinson B A,Matt D R,McMillen R T,et al,1986. The architecture of a deciduous forest canopy in Eastern Tennessee,U. S. A[J]. Journal of Ecology,74:635-646.

Mercado L M,Bellouin N,Sitch S,et al,2009. Impact of changes in diffuse radiation on the global land carbon sink [J]. Nature,458(7241):1014-1071.

Ohmura A,2009. Observed decadal variations in surface solar radiation and their causes [J]. Journal of Geophysical Research:Atmosphere,114,D00d05.

Ruimy A,Jarvis P G,Baldocchi D D,et al,1995. CO_2 fluxes over plant canopies and solar radiation: A review [J]. Advances in Ecological Research,26:1-53.

Thornley J H M,1983. Mathematical models in plant physiology:A quantitative approach to problems in plant and crop physiology[M]. London:Academic Press,107-129.

Thornley J H M, 1976. Mathematical model in Plant Physiology[M]. London:Academic Press, 86-110.

Wild M,2009. Global dimming and brightening:A review [J]. Journal of Geophysical Research:Atmosphere,114,D00D16.

Xu J,Li C,Shi H,et al,2011. Analysis on the impact of aerosol optical depth on surface solar radiation in the Shanghai megacity,China [J]. Atmospheric Chemistry and Physics,11:3281-3289.

第三章　温度及其生态效应

　　温度是人们最熟知且感受最直接的气象要素,是影响生物生长发育最重要的环境因子。与生态气象研究相关的温度有多种,包括气温、地温、叶温、辐射表面温度、积温等。生物体不同的生长发育阶段,存在最低、最适温度和最高温度的三基点温度,同时完成生长发育需要温度累积到一定程度——积温。温度强烈地影响着生物体内的生物化学反应速率,低于最低温度或高于最高温度将导致酶失活,甚至生物体死亡。温度还影响动物、植物和微生物的全球分布。气候变暖已经改变了陆地生态系统物质循环及其耦合关系、生物地理格局、植物和动物物候、土壤微生物群落结构、敏感物种的丰度和分布格局等,同时也将改变生物间的相互作用关系和生态功能。

第一节　温度的基本概念

一、温度与温标

　　温度是表示处于热平衡状态的物体冷热程度的物理量,微观上表征物体分子热运动的剧烈程度。用来度量温度数值的标尺叫温标,温标规定了温度读数的起点(零点)和测量温度的基本单位。目前,国际上最常用的温标有摄氏温标(℃)、热力学温标(K)和华氏温标(°F),其中热力学温标(K)为国际单位。摄氏温标是在标准大气压下,纯水的冰点为 0 ℃,沸点为 100 ℃,两者之间等分 100 等份,1 等份即为 1 ℃。热力学温标中 1 K 的间隔与摄氏度 1 ℃相同,其零点称为绝对零度,等于 −273.15 ℃。因此,用热力学温标时,纯水的冰点为 273.15 K,沸点为 373.15 K。三种温标的转换关系如下:

$$K = ℃ + 273.15 \tag{3.1}$$

$$°F = \frac{9}{5}℃ + 32 \tag{3.2}$$

　　由于温度会对物体的体积、密度、声速和阻抗等物理量产生影响,因此可以通过测量以上物理量的变化间接测量温度。其中,测量温度最为常用的方法有膨胀测温法(如水银温度表)、电学测温法(如铂电阻温度表、热电偶和半导体热敏电阻温度表)、光学测温法(耳温枪、红外温度表)和密度测温法(伽利略温度表)。

二、气温与地温

气温是表示大气冷热程度的物理量。空气的冷热程度,实质上是空气分子平均动能的宏观表现。当空气获得热量时,其分子运动的平均速度增大,平均动能增加,气温升高。反之,当空气失去热量时,其分子运动平均速度减小,平均动能减小,气温降低。气象学中所说的气温通常指百叶箱等防辐射装置内距地面 1.5 m 高度处的干球温度。

地温是指下垫面温度和不同深度处的土壤温度(Arya,2001)。浅层地温是指距离地面 0 cm 至 40 cm(不含 0 cm 和 40 cm,如 5 cm、10 cm、15 cm 和 20 cm)深度处的土壤温度,深层地温是指距离地面 40 cm 及以下深度处(如 40 cm、80 cm、120 cm 和 320 cm)的土壤温度。常用的观测仪器包括玻璃液体地温表、铂电阻温度传感器和遥感式地表温度传感器。

三、叶温和植被冠层温度

研究植物辐射平衡、热量收支、光合作用、呼吸作用、蒸腾作用和极端温度危害时,使用叶温更准确、客观。叶温变化不仅取决于气温,还与植物体本身与周围环境之间的热量交换有关。气温在 33 ℃时,叶温与环境气温接近;气温低于 33 ℃时,叶温通常高于气温,反之亦然。对于阳生叶,白天太阳辐射强、湿度高时,叶温甚至比环境气温高 10 ℃。不受太阳直射时,阴生叶的叶温通常比环境气温略高。晴朗的夜晚,叶温一般比环境气温低 2 ℃左右。多云的夜晚,叶温与气温相近。叶温的测量方法主要分为接触式和非接触式两种。接触式测量是指用半导体温度传感器或热电偶贴在叶片表面测定叶温;非接触式测量是指利用红外测温仪通过接受叶片发射的长波辐射来测量叶温。对于多个叶片组成的植物群体,用红外测温仪或热红外遥感反演方法得到的是植被冠层温度。

四、空气动力学表面温度和辐射表面温度

空气动力学表面温度指将气温垂直廓线外推到 $z_h + d$ 高度处得到的数值,z_h 是热量粗糙长度,d 是零平面位移。空气动力学表面温度与离地面 1.5 m 处气温之间的差异决定了地表与大气之间的感热通量。辐射表面温度是指基于表面辐射平衡和能量平衡方程,利用斯蒂芬-玻尔兹曼定律计算得到的表面温度,如红外测温仪和热红外遥感反演得到的表面温度都是辐射表面温度。空气动力学表面温度在实际环境中无法直接测量,通常会用辐射表面温度替代它来计算地表与大气之间的感热通量。在物理意义上,两者存在明显差别,两者数值在郁闭冠层差异很小;但对于裸土或稀疏植被,在大气不稳定时,辐射表面温度会比空气动力学表面温度高几度。

五、积温

在其他因子基本满足的条件下,在一定的温度范围内,植物生长发育与温度成正

比,而且只有当平均温度累积到一定总量时,植物的生长发育才能完成,这一温度累积的总量称为积温。归纳起来,积温学说的基本论点有三个假设:①在其他条件基本满足的前提下,温度对植物生长发育起主导作用;②植物生长发育要求一定的下限温度,对于某些时段还存在上限温度;③植物完成某一发育阶段需要一定数量的积温。

目前应用最广泛的是活动积温和有效积温。通常将大于或等于生物学下限温度的日平均温度称为活动温度。植物某一发育阶段或整个生育期内活动温度的累积总和,即为活动积温。每日的活动温度与生物学下限温度的差值,称为有效温度。植物某一发育阶段或整个生育期内有效温度的总和,即为有效积温。

第二节　温度的时空变化特征

一、气温和地温的时间变化特征

气温具有典型的日变化和季节变化特征。晴天时,典型的气温日变化如图 3.1a 所示的正弦型曲线,最高和最低气温分别出现在午后 14 时左右和日出前,浅层地温有类似的日变化特征。最高气温出现时间(14 时)明显滞后于最强太阳辐射出现时间(12 时),任何对流体有储存和阻碍能力的系统都具有这种滞后特征,且离地面越远,温度滞后越明显。可用一个生活实例来阐述这一原理:当你赤脚站在冰冷的瓷砖上时,热量由脚传递给瓷砖,脚刚接触瓷砖时,感觉最冷,这是因为此时瓷砖接受的热通量最大。随着热量交换的进行,瓷砖温度逐渐升高,当热通量超过最大值并显著变小时,瓷砖温度才达到最高值,瓷砖最高温度出现时间滞后于最大热通量出现时间。气温还存在典型的年变化特征,通常呈现夏高冬低的季节变化特征(图 3.1b),与太阳辐射的季节变化特征不同。以我国江苏省东山站 2012 年为例,一年内,最高气温出现的时间(第 187 天)明显滞后于太阳辐射最强的时间(夏至,第 173 天),其原因与气温日变化特征的原因相同。

上述气温的日变化和季节变化特征(图 3.1)可以用一定的数理方法进行模拟和预测,但气温的随机变化是不可预测的。气温的随机变化可以看作是叠加在平均气温上的脉动量,可正可负,这种变化可以利用高频响应的细丝热电偶来观测,然后用统计学方法(平均值、方差、相关性等)描述其变化特征。从影响因素而言,气温的日变化和季节变化与天气类型、云量多少和太阳辐射强弱紧密相连,而气温的随机变化能反映低层大气对热量的输送机制。

除日变化和季节变化特征之外,气温还具有年际变化和年代际变化特征(图 3.2)。在年际尺度上,气温上升即大家所熟知的气候变暖。IPCC(2021)第六次气候变化评估报告指出,2001—2020 年全球地表气温比工业革命时期(1850—1900 年)上升了 0.99 ℃。在全球变暖大背景下,1901—2019 年,中国地表年平均气温显

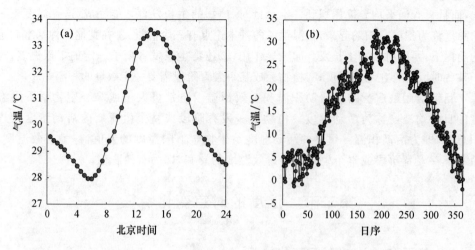

图 3.1　江苏省东山站(a)2012 年 7 月 30 日气温的日变化和(b)2012 年季节变化

著上升,总的升温幅度为 1.27 ℃(中国气象局气候变化中心,2020)。其中,1951—2019 年升温速率为 0.24 ℃·(10 a)$^{-1}$,2001—2020 年是 20 世纪初以来的最暖时期,与全球和北半球总体结果一致。中国近 100 年的增温主要发生在冬季和春季,夏季气温变化不明显。在空间分布上,中国各区域间升温差异明显,青藏高原升温速率最大,其 1961—2019 年的升温速率为 0.37 ℃·(10 a)$^{-1}$;华中、华南和西南地区升温相对缓慢,升温速率分别为 0.19 ℃·(10 a)$^{-1}$、0.17 ℃·(10 a)$^{-1}$ 和 0.16 ℃·(10 a)$^{-1}$。

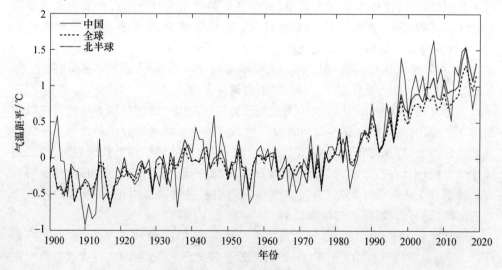

图 3.2　中国、全球和北半球陆地气温的年际变化,中国数据来源于 Jones 等(2012),
全球和北半球数据来源于 MetOffice CRUTEM.4.6.0.0.anomalies(严中伟 等,2020)

二、气温和地温的垂直变化特征

基于湍流输送理论可知,均一下垫面上方的气温随高度变化的廓线呈对数形式。当感热通量由大气指向地表时,气温随高度增加而上升;当感热通量由地表指向大气时,气温随高度增加而降低。白天,陆地上感热通量通常为正;夜间,存在感热通量为负的情况,即逆温。在观测高度处的气温与空气动力学表面温度的差值随感热通量的增大而增大,随风速增大或湍流增强而减小。

在地面以上不同高度和地面以下不同深度,分别测定气温和地温的日最高值和日最低值,就可以绘制出横坐标为温度、纵坐标为高度的图形(图3.3)。由图3.3可知,最高和最低温度出现在地表,与标准气象观测高度(1.5 m)处的气温相差5～10 ℃。这是因为辐射和能量收支均发生在地表,当表面变暖时,热量通过对流从表面输送至上方的空气,亦可通过传导输送至下方的土壤。

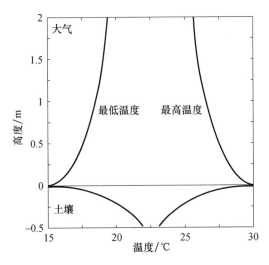

图 3.3 晴朗小风时,气温和地温最高值和最低值的垂直廓线

(Campbell et al. ,1998)

离地表越远,气温的日变化幅度越小。大气中温度日变化延伸的高度远大于在土壤中传播的深度(图3.3),这是因为土壤中热量通过分子热传导传输,而大气中的热量是通过湍流运动传输,湍流输送效率远大于分子热传导。在离地面几米范围内,湍涡输送热量的垂直距离与其高度成正比。离地面越高,大湍涡输送热量的距离越长,空气愈加混合,正是这种充分混合抹去了高处各层气温之间的差异;靠近地面处,小湍涡输送热量的距离很短,故气温廓线在地表附近很陡,即气温随高度变化很大。

土壤温度对许多生物体的生长发育至关重要。图3.4展示的是不同深度处土壤温度的日变化特征。土壤温度的日变化近似于正弦曲线,极值出现在进行辐射和能量交换的地表,日变化幅度随土壤深度增加而迅速减小,最高温度和最低温度出现的时间随深度增加往后推移。地表最高温度出现在 14:00 左右,与最高气温出现时间相近。在较深层次,土壤最高和最低温度的出现时间明显后移,30~40 cm 深度的土壤最高温度出现时间比地表最高温度出现时间滞后 12 h 左右。对于土壤而言,热量存储在每层土壤中,向下传递的热通量随深度增加而减小,当土壤深度超过50 cm 时,土壤温度的日变化就难以测出。

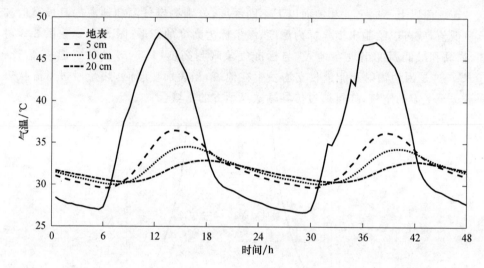

图 3.4　江苏省东山站 2012 年 7 月 30—31 日地面温度和三层土壤温度
(5 cm、10 cm 和 20 cm)的日变化特征

阻尼深度 D 是模拟土壤温度变化特征的关键参数,可以利用图 3.4 中的数据来估算 D。若 $\overline{T}$ 是日平均地表温度,z_1 深度处土壤温度的振幅是 $T(z_1) - \overline{T} = A_1$,$z_2$ 深度处的振幅是 $T(z_2) - \overline{T} = A_2$,则阻尼深度为:

$$D = \frac{z_1 - z_2}{\ln(A_2) - \ln(A_1)} \tag{3.3}$$

第三节　温度的生态效应

一、温度对植物的影响

任何一种植物的光合和呼吸过程都有酶系统的参与。然而,每一种酶的活性都有它的最低、最适温度和最高温度,相应形成生物生长的"三基点温度"。一旦超过生物的耐受能力,将产生不可逆转的化学变化,如高温使蛋白质凝固、酶系统失活,

低温将引起细胞膜系统渗透性改变、脱水、蛋白质沉淀等。光合过程中的碳反应就是由酶催化的化学反应,而温度直接影响酶的活性,因此,温度对光合作用的影响也很大(图3.5)。除少数情况外,一般植物可在10～35 ℃下正常进行光合作用,其中以25～30 ℃最适宜,在35 ℃以上时光合作用就开始下降,40～50 ℃时完全停止。在低温时,酶促反应下降,限制了光合作用的进行。光合作用在高温时降低的原因,一方面是高温破坏叶绿体和细胞质的结构,并使叶绿体的酶钝化;另一方面是在高温时,暗呼吸和光呼吸加强,净光合速率降低。也有部分极端情况,有些耐寒植物如地衣在−20 ℃还能进行光合作用,而耐热植物能在50～60 ℃下存活。

温度对植物光合和呼吸作用的影响是非线性的,不同植物各有其自身的温度三基点。植物光合作用的三基点温度与其呼吸作用的三基点温度并不相同。研究表明,植物光合作用的最适温度低于呼吸作用的最适温度;当温度超过光合作用的最适温度以后,光合强度减弱而呼吸强度仍然很强,此时呼吸消耗大于光合积累,因此植物的净光合作用降低。一般情况下,光合作用与呼吸作用的比值随着温度的升高而减小,超过光合最适温度的环境条件对植物生长不利。

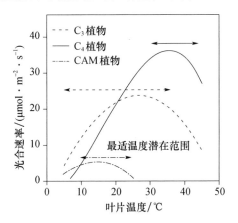

图3.5 C_3、C_4和CAM植物光合速率对叶片温度的
典型响应(Yamori et al.,2014)

在一定的温度范围内,生物的生长速率与温度成正比。多年生木本植物茎的横断面上大多可以看到明显的年轮,就是植物生长快慢与温度高低关系的真实写照。生物完成生命周期,不仅要生长而且还要完成个体的发育,并通过繁衍后代使种族得以延续。最明显的例子是某些植物一定要经过一个低温“春化”阶段才能开花结果,否则就不能完成生命周期。温度与生物发育的最普遍规律是有效积温。假设植物平均发育速度与该植物发育期的最低温度以上的温度总和成正比,并符合线性关系,则植物的发育速度可表示为

$$\frac{1}{N} = \frac{\overline{T} - B}{E} \tag{3.4}$$

式中,N 为植物发育期的天数,$1/N$ 为植物的发育速率,$\overline{T}$ 为 N 天的平均温度,E 为 N 天的有效积温,B 为发育期的下限温度。

植物的生长过程是有机质的积累过程,受光合作用和呼吸作用两个过程影响。在一定的温度范围内,随着温度的升高,植物生命过程的最初阶段确实是加快的,促进植物生长;但当温度超过一定范围时,光合和呼吸作用的强度会逐渐减弱,植物生长受抑;如果温度进一步升高,光合和呼吸作用就会完全停止,将导致植物死亡。

环境温度过高或者过低都对植物生产不利。环境温度过高时,植物会遭受热害。植物生命活动的最高致死温度为 45～55 ℃,高温使植物灼伤,导致生命活动停止。例如,干热风就是一种高温、低湿并伴有较大风速的复合型气象灾害。环境温度过低时,植物也会受害或致死,包括冷害、冻害和霜冻,依低温发生时段和强度而异。冷害一般是指植物生育期内气温偏低引起的生育期推迟或生殖器官机能受到损害而造成减产的现象。例如,在杂交水稻育种中就常遇到夏季日平均气温低于 23 ℃的冷害,造成温敏不育系的育性波动,导致育种失败。冷害有延迟型(作物营养生长期遇到低温,使生长期延迟而减产)、障碍型(作物生殖生长期遇到低温,使生殖器官的生理活动受到破坏而减产)和混合型(上述两种相继或同时发生)三种。冻害是指植物在休眠期或停止生长时期发生的温度在 0 ℃以下或长期在 0 ℃以下引起植物细胞原生质受损、丧失生理活力而死亡的现象。冻害主要发生在我国北方和长江中下游地区,一般出现在 12 月至次年 2 月,影响最大的是冬小麦和柑橘,而且不同植物的最低致死温度也不相同。冻害程度不仅取决于冷空气的强度和持续时间,还与作物品种、受冻部位、耕作技术、田间管理和土壤性质等有关。霜冻是指植物生长季内植株冠层附近气温短时间突然下降到 0 ℃以下,使植物体内水分冻结所引起的伤害。霜冻的危害程度除了取决于降温强度以外,还与植物种类、发育阶段、气温回升速率等因素有关。我国中纬度地区常有霜冻发生,发生在秋季的霜冻会使成熟较晚的作物受害或过早停止生长,降低产量和品质;发生在春季的霜冻危害返青后的越冬作物和春播作物幼苗的生长。

温度还影响种植业的分布。北半球从赤道到极地可分为热带、亚热带、温带、寒带等气候带,作物也有喜热、喜温、喜凉和耐寒等种类。在热带地区,太阳高度角大,获得的热量多,温度的年内、年际变化缓和,主要生长耐热喜温的多年生木本植物和水稻、甘蔗等粮食、经济作物。亚热带地区则不同,夏半年气温较高,可种植水稻、玉米、甘薯等喜温作物;冬半年最冷时有霜或雪,只能种植冬小麦等喜凉作物。亚热带有两个生长季,种植喜温和喜凉两种不同生态类型的作物是其基本特征。温带地区一年中有一段裸地作物不能生长或停止生长的时期,作物以喜凉的麦类、马铃薯等为主。寒带大部分时间都有冰雪,气候寒冷,只有少量矮生灌木生长,不能裸地栽培作物。各气候带中的作物分布是由热量资源所决定的,因为各种生态类型作物的生长发育不仅要求一定的温度,而且完成其生育周期要求一定的积温。

二、温度对动物的影响

对于动物而言,也有最低、最适温度和最高温度的三基点温度。动物对于高低温的耐受限度因种类而异,甚至同种动物的不同器官、不同生理过程,在不同条件下也有所不同,并且能通过人工或气候驯化,适当改变其耐受极限。

动物对低温的耐受极限(或称生命的温度下限)变化很大。某些动物能忍受一定程度的机体冻结,但大部分动物却无此能力。如某些动物能在 $-196\ ℃$ 的液态氮中存活,而另一些动物对低温却异常敏感,接近结冰温度就可能被冻死。动物的耐寒性存在纬度变化。栖息于高纬度和中纬度地区的动物,在自然条件下,每年都要经历漫长而寒冷的冬季。在长期的进化过程中,这些动物形成了适应性的特征:冬季耐寒性高,夏季耐寒性低,如加拿大木蠹蛾。冬季耐寒性的提高,对于其生存具有重要意义。冬季寒流与春季寒流的侵袭对昆虫的损害显然不同,虽然冬季温度低于春秋季寒流,但后者的杀伤作用甚至超过前者,这是春寒和秋寒能减少春夏之际的害虫危害的重要原因。越冬昆虫耐寒性的提高,可能与其组织内含水分减少和体内的脂肪含量增高有关。

栖息于温带和寒带的动物,需要忍受漫长的冬季。冬季温度经常低于冰点,动物可以通过两种方式来避免冷伤害,即超冷和耐受冻结(图 3.6)。超冷是指液体的温度下降到冰点以下而不结冰,而耐受冻结是指动物能耐受机体中水的结冰。实验证明摇蚊幼虫可以反复进行 $-25\ ℃$ 的冻结而没有生命危险。小叶蜂在越冬时可以超冷到 $-30\sim-25\ ℃$,并且还可以通过分泌甘油来进一步降低体液的冰点。某些昆虫在冬季时,体内含有较高浓度的甘油。一种寄生性茧蜂在冬季体内甘油浓度可达 30%,其血液的冰点会下降到 $-17.5\ ℃$。

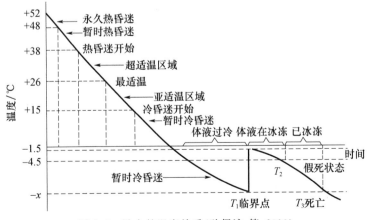

图 3.6 昆虫的温度关系(孙儒泳 等,2019)

目前,学者们对动物的高温耐受极限的研究远不及对低温的研究。大多数动物的最高耐受温度不高。多数昆虫在高于 50 ℃ 就死亡。爬行动物能耐受 45 ℃ 左右,鸟类的体温可耐受 46~48 ℃,哺乳类一般在 42 ℃ 以上就死亡。目前还没有发现任何一种动物能经常在 50 ℃ 以上的环境中完成其完整的生活史。高温下动物死亡的原因可能是:①蛋白质凝固而变性;②酶活性在高温下被破坏;③氧供应不足,排泄器官功能失调;④神经系统麻痹等。

在大多数情况下,如果温度不剧烈波动,就不至于杀死或危害动物的生命,而温度的适当波动能加快动物的发育速度。例如鳞翅目的夜蛾在变温条件下比在恒温(即使是最适温)条件下发育更快,而且产生畸形的比例小。加拿大黑蝇的卵胚在 35 ℃ 恒温下 5 d 完成发育,但若在每天 16 h 的 12 ℃ 和 8 h 的 32 ℃ 交替的温度条件下,只需 3 d 就完成其发育。

温度是动物分布的限制因子。就北半球而言,分布的最北界限通常受最低温度的限制,而分布的最南界限往往受最高温度的限制。如喜热的珊瑚只分布在热带水域,在水温低于 20 ℃ 的海域不能生存。就变温动物的分布而言,温度往往起直接的限制作用。苹果蚜分布的北界是 1 月等温线为 3~4 ℃ 的地区。东亚飞蝗分布北界的年等温线为13.6 ℃。菜粉蝶不能忍受 26 ℃ 以上的高温,所以 26 ℃ 就是这种昆虫分布的南限,虽然秋季和冬季菜粉蝶可以越过这个界限,但到夏季气温超过 26 ℃ 时,卵和幼虫就会全部死亡。

三、温度与微生物

土壤微生物调节陆地生物地球化学循环,其对温度的响应是揭示气候变暖影响的关键因素。低于微生物最佳温度时,可以采用平方根关系式表征部分微生物的呼吸和生长对温度的响应(图 3.7):

$$A^{0.5} = \alpha(T - T_{min}) \qquad (3.5)$$

其中,A 是活性(也就是生长或呼吸),T 和 T_{min} 分别表示温度和微生物生长的最低温度(℃)。α 是与绝对活性有关的斜率参数。平方根关系不仅广泛用于模拟水中细菌的生长速率和土壤中细菌和真菌的生长速率,而且可以很好地表示呼吸和微生物分解的温度响应。研究表明,T_{min} 随群落温度适应热环境而变化。根据平方根模型确定 T_{min},我们可以获得有关微生物生长或呼吸的温度响应信息,并与其他过程如酶动力学建立联系。因此,T_{min} 可提供有关微生物群落对温度适应性的信息。而这些信息可以用于比较各个微生物群落,并可用于预测气候变化的未来影响。初步估计,来自不同生态系统的土壤微生物生长和呼吸的 T_{min} 在北极/南极地区为 -15~-10 ℃,在温带地区为 -10~-5 ℃,热带地区为 -5~0 ℃。

与土壤中细菌生长的温度敏感性相比,真菌生长的温度敏感性研究较少。仅有的少数研究发现,与细菌生长相比,真菌与细菌的 T_{min} 相似但略低,表明真菌更适合低温条件。

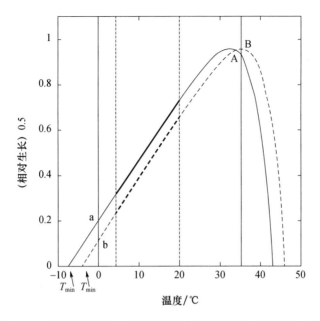

图 3.7 采用平方根关系式绘制的两个假定的微生物群落生长的
温度敏感性比较(Ratkowsky et al. ,1982)

[群落 A(实线)低温适应($T_{min}=-7.3$ ℃),群落 B(虚线)高温适应($T_{min}=-4.3$ ℃)]

第四节 气候变暖对生态系统的影响

目前,气候变暖是全球气候变化的主要表现之一,已经在生态系统尺度影响陆地生态系统的生产力以及碳、氮、磷与水等物质的循环过程及其相互之间的耦合关系。此外气候变暖还影响生物多样性,包括改变生物地理格局、植物物候、动物物候、敏感物种的丰度和分布格局等,同时也将改变生物间的相互作用关系和生态功能。随着全球变暖的加剧,物种和栖息地的减少,生态系统的许多不同组分和生态过程正在受到影响。

气候变暖对生态系统生产力的影响有明显的水热依赖性,即在湿润寒冷的生态系统表现为正效应,但在干旱高温生态系统存在负作用。在气候变暖下,北半球中高纬度地区和青藏高原地区的植被呈现出光合作用增强和生长季延长的变化趋势,进而促进生态系统生产力。例如,全球变暖引发的北高纬度地区积雪和冻土融化加速了灌木在苔原地区的扩张。与此同时,中高纬度地区植被生长活动与温度的敏感性强度在近 30 年中呈现出明显的下降趋势。持续增温可能会对热带植被的生长产生负面影响。例如,温度升高会抑制叶片气体交换从而降低热带森林的植被生产力和生长速率。另一方面,温度持续升高所引发的干旱和热浪事件会显著抑制植被生长,甚至导致全球大范围的树木死亡。例如,2003 年欧洲高温热浪抑制陆地植被对大气 CO_2 的吸收。

气候变暖深刻地影响了陆地生态系统中碳、氮、磷与水等物质的循环过程及其相互之间的耦合关系。碳通过植物光合作用进入陆地碳循环,并通过植物呼吸、凋落物分解与土壤有机质分解过程返回大气,从而形成一个循环系统。相比于碳循环,陆地氮循环更加开放,且多个氮输入(沉降、生物固氮、矿化作用等)与输出(植物吸收、淋溶、反硝化、固持等)过程同时影响土壤无机氮库的动态。研究表明,气候变暖显著提高了土壤氮矿化速率,从而增加土壤中氮的有效性。对碳循环而言,当前的全球尺度碳循环模型普遍地预测气候变暖将削弱陆地生态系统的碳汇能力。此外,目前已有的研究发现气候变暖在一定程度上会增强土壤中微生物的酶活性,加速土壤有机质的分解促进有效氮、有效磷的释放和植物对养分的吸收。气候变暖也能够通过改变土壤湿度从而间接调控生态系统氮磷循环,如通过提高土壤湿度从而增大磷的溶解率,进而促进植物和微生物对磷的吸收。

物候与气温等因子显著相关,因此全球变暖首先会带来物候的变化,最后对物种的繁殖力、竞争力等产生影响。冬季和早春温度的升高使春季提前到来,导致植物提早开花放叶。这对于一些在早春完成其生活史的林下植物将会产生不利的影响,甚至可能使这些物种无法完成生活史的循环,从而改变森林生态系统的结构和物种组成。近年来,许多研究开始关注植物与动物物候对气候变暖的响应差异。有研究认为,鸟类和昆虫等的物候过程主要受到短期温度变化的影响,而植物物候的变化则更多受到长期气候变暖的驱动。此外,动物物候对气温升高的响应受到系统发育和个体体型的影响。

气候变暖还会影响物种分布。对于森林生态系统,在纬度方向上,一般认为随着全球气候变暖,热带雨林将向目前的亚热带或温带地区移动,热带雨林的面积将有所增加,但是有些地区降雨的减少也可能加速季雨林和干旱森林向热带稀树草原的转变。随着全球气候变暖,温带森林将逐渐向当前北方森林地带转移,而其南界则将被亚热带或热带森林所取代。温带森林面积的扩张或缩小主要取决于其侵入到北方森林的所得和转化为热带或亚热带森林及草原的所失。在海拔方向上,很多数据表明物种有向高海拔处转移的大致趋势。20 世纪以来,高山林线的海拔高度均有不同程度的升高,该变化受林线所处位置的热量亏缺和干燥度影响,尤其是在半干旱地区,南坡林线上界比北坡高。

全球变暖使北半球气候带普遍北移,对野生动物的分布也会产生影响。蝴蝶是全球变暖的敏感指示物种之一。研究发现,生活在北美和欧洲的斑蝶,其分布区在过去的 27 年中向北迁移达 200 km,斑蝶每年春末从美国加利福尼亚北部迁飞到加拿大度夏,冬季再去墨西哥越冬。由于气候变暖,斑蝶在南部的分布区正在消失,其分布区向北部和高海拔地区扩展。在我国,油松毛虫原分布在辽西、北京、河北、陕西、山西、山东等地,现已向北、向西方向扩展,广泛分布在北起内蒙古赤峰市(约相当于北纬 42.5°或 1 月均温−8 ℃等温线)以南,东部南端(相当于 1 月均温 0 ℃等温线)以北,垂直扩展呈岛状,分布于海拔 800 m 以上,或西北、黄土高原海拔 500～2000 m 的油松林之间。

在剧烈的气候变化条件下,某些物种可能会因完全不能适应而死亡,另一些则有可能逐渐占据优势地位。研究表明,气候变暖将直接导致热带地区 30％的附生植物物种丧失。气候变暖不但会影响我国森林生物的多样性,而且会使我国森林的分布发生改变,除云南松和红松分布面积有所增加外(增加幅度分别约为 12％和 3％),其他树种的面积均将有所减少,减少幅度为 2％～57％。

气候变暖还会影响土壤微生物群落结构。与土壤微生物其他特性相比,微生物群落结构对温度的响应更敏感。采用固定温度变化的人工增温处理对土壤微生物量和微生物活动的影响不明显,对微生物群落利用的有效性及碳的潜在利用能力等反映群落组成因子的影响却十分显著。季节波动性增温处理对土壤微生物群落结构的影响更显著。气候变暖能够通过增加土壤微生物类群比率(真菌/细菌)、增强土壤真菌的优势,使微生物群落结构发生改变,然而,气候变暖有时并不引起土壤细菌和真菌丰富度的变化。

复习思考题

1. 空气动力学表面温度与辐射表面温度有何差异?

2. 1 m 高度处气温与 1 m 深度处的土温,哪个日变化幅度更大,为何?

3. 大气不稳定时,气温随高度变化如何? 感热通量方向如何? 大气稳定时情况又如何?

4. 利用图 3.4 中的信息,估算土壤阻尼深度。

5. 试说明不同类型植物的光合作用对叶片温度响应的异同点。

6. 气候变暖如何影响陆地生态系统碳水循环?

主要参考文献

孙儒泳,王德华,牛翠娟,等,2019. 动物生态学原理[M]. 第四版. 北京:北京师范大学出版社.

严中伟,丁一汇,翟盘茂,等,2020. 近百年中国气候变暖趋势之再评估[J]. 气象学报,78(3):370-378.

中国气象局气候变化中心,2020. 中国气候变化蓝皮书 2020[M]. 北京:科学出版社.

Arya P S,2001. Introduction to micrometeorology[M]. USA. Elsevier. 62-86.

Campbell G S, Norman J, 1998. An introduction to environmental biophysics [M]. Switzerland. Springer Science & Business Media. 15-26.

IPCC, 2021. Summary for Policymakers. In: Climate Change 2021: The Physical Science Basis[R]. Contribution of Working Group I to the Sixth Assessment Report of the Intergovernmental Panel on Climate Change. Cambridge University Press.

Jones P D, Lister D H, Osborn T J, et al, 2012. Hemispheric and large-scale land-surface air temperature variations: An extensive revision and an update to 2010[J]. Journal of Geophysical Research-Atmosphere, 117(D5): D05127.

Ratkowsky D A, Olley J, McMeekin T A, et al, 1982. Relationship between temperature and growth rate of bacterial cultures[J]. Journal of Bacteriology, 149: 1-5.

Yamori W, Hikosaka K, Way D A, 2014. Temperature response of photosynthesis in C_3, C_4, and CAM plants: temperature acclimation and temperature adaptation [J]. Photosynth Research, 119: 101-117.

第四章　水及其生态效应

水是任何生物体都不可缺少的重要组成成分。对于生态气象研究对象而言,水主要包括大气中的水汽和生物体及其生存环境中的液态水。首先,水汽是大气中变化最活跃的成分,它通过改变降水、蒸发和植物蒸腾等过程影响生态系统,掌握大气中水汽浓度的表征方法是理解水分循环的基础。其次,生物体和土壤中的水主要以液态形式存在。受水势梯度所驱动,土壤中的水被植物根系所吸收,通过木质部输送至叶片,并通过叶片气孔蒸腾至大气,形成土壤—植被—大气连续体水分传输系统。此外,水是光合作用的原料,是生物新陈代谢的直接参与者,也是生物一切代谢活动的介质。生物体内营养的运输、废物的排除、激素的传递以及生命赖以存在的各种生物化学过程,都必须在水溶液中才能进行,而所有物质也都必须以溶解状态才能进出细胞。水不仅影响生物体的生长发育过程及其分布,而且在长期的进化过程中,生物体也能适应外界的水分条件变化。

第一节　大气中的水汽

大气中的水汽仅占地球上总水量的 0.001%,相当于覆盖地球表面厚度为 2.5 cm 的水层。与氮气和氧气相比,大气中的水汽含量很低,约占空气的 0.1%~4%,但水汽在天气系统形成、气候变化、地气系统能量交换和水分循环中扮演着重要的角色。如果没有水汽,地球上就不会有云、雨、雪、雾、霜、露等现象。水汽不仅是重要的温室气体,也是大气中唯一一种在大气温度变化范围内可以发生固、液、气三种相变的成分。

大气水汽含量的变化受控于大气中的水分平衡,即某一地区在一定时间内,大气中总收入的水汽量与总支出的水汽量之差等于该地区该段时间内大气中水汽含量的变化。大气的水汽收入项包括地面蒸发到大气中的水汽、外界输送到该地区整层大气中的水汽;支出项包括降水量、该地区整层大气向外输送的水汽。因此,大气中水汽含量的变化取决于水平方向上的水汽净输送量和垂直方向上的水汽净交换量。

一、大气湿度的表示方法

表示大气中水汽含量多少的物理量称为大气湿度。地面气象台站常采用百叶箱等防辐射装置观测 1.5 m 高度处的大气湿度。大气湿度常用以下物理量表示。

(1)水汽压和饱和水汽压

大气压力是指单位面积上直至大气上界整个空气柱的重量,是大气中各种气体压力的总和。气象台站观测的大气压力为该站海拔高度以上直至大气上界空气柱的重量,称为本站气压。对于缺乏观测的地点,大气压力可以用海拔高度 A(单位:m)近似计算。

$$p_a = 101.3 \exp\left(-\frac{A}{8200}\right) \tag{4.1}$$

水汽和其他气体一样,也具有分压,大气中水汽所产生的那部分压力称为水汽压(water vapor pressure,e),它的单位与气压一样,常用 hPa 表示。

在温度一定的情况下,单位体积空气中的水汽含量有一定限度,如果水汽含量达到此限度,空气就呈饱和状态,这种状态的空气称为饱和空气(saturated air)。饱和空气的水汽压称为饱和水汽压(saturation vapor pressure,e_s)。

可以用图 4.1 示例来理解饱和水汽压。假定一个密闭的容器内装有一定量的纯水,其上方空气温度为 T。最初容器中的空气是完全干燥的,水开始蒸发,随着蒸发进行,容器中的水分子数增多,水汽压增加。与此同时,由气相凝结成液相返回水面的水分子速率也会增加。如果凝结率低于蒸发率,则容器中的空气在温度 T 时是非饱和的。当容器中的水汽压增加到某一数值时,凝结率等于蒸发率,此时,容器中的空气在 T 时相对于平纯水面是饱和的。可见,饱和状态是蒸发率等于凝结率的动态平衡状态。此时,由水汽施加的压强称为平液面的饱和水汽压,记为 e_s(表 4.1)。类似地,如果将平液面换成平冰面,并且水汽的凝华率等于冰的升华率,则水汽的分压就是温度 T 时的平冰面的饱和水汽压 e_{si}(表 4.2)。

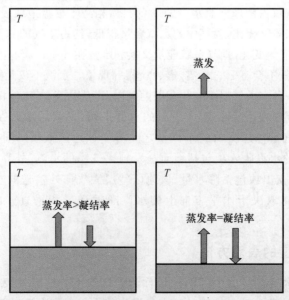

图 4.1　纯水面的饱和水汽压示意图

表 4.1　平液面饱和水汽压表(hPa)(盛裴轩 等,2013)

$t/℃$	0	1	2	3	4	5	6	7	8	9
40	73.773	77.798	82.011	86.419	91.029	95.850	100.89	106.15	111.65	117.40
30	42.427	44.924	47.548	50.303	53.197	56.233	59.418	62.759	66.260	69.930
20	23.371	24.858	26.428	28.083	29.829	31.668	33.606	35.646	37.793	40.052
10	12.271	13.118	14.016	14.967	15.975	17.042	18.171	19.365	20.628	21.962
0	6.107	6.565	7.054	7.574	8.128	8.718	9.345	10.012	10.720	11.473
−0	6.107	5.677	5.275	4.897	4.544	4.214	3.906	3.617	3.348	3.097
−10	2.862	2.644	2.440	2.251	2.075	1.911	1.759	1.618	1.487	1.366
−20	1.254	1.150	1.054	0.9647	0.8826	0.8068	0.7369	0.6726	0.6133	0.5588
−30	0.5087	0.4627	0.4204	0.3817	0.3463	0.3138	0.2841	0.2570	0.2322	0.2097
−40	0.1891	0.1704	0.1533	0.1379	0.1230	0.1111	0.0996	0.0892	0.0792	0.0712

表 4.2　平冰面饱和水汽压表(hPa)(盛裴轩 等,2013)

$t/℃$	0	1	2	3	4	5	6	7	8	9
0	6.107	5.622	5.173	4.756	4.371	4.014	3.684	3.379	3.097	2.837
−10	2.597	2.375	2.171	1.983	1.810	1.651	1.505	1.371	1.248	1.135
−20	1.032	0.9366	0.8501	0.7708	0.6983	0.6322	0.5719	0.5169	0.4668	0.4212
−30	0.3797	0.3420	0.3078	0.2768	0.2487	0.2232	0.2002	0.1794	0.1606	0.1436
−40	0.1283	0.1145	0.1021	0.0910	0.0810	0.0720	0.0639	0.0567	0.0502	0.0445

确定饱和水汽压的方法主要有两种:查表法(表 4.1 和表 4.2)和经验公式计算。查表法快捷简单,但精度一般,如果用于科学计算,经验公式最为常用。实际工作中常用 Tetens 经验公式计算饱和水汽压。

$$e_s = 6.1078 \exp\left[\frac{17.2693882(T-273.16)}{T-35.86}\right] \tag{4.2}$$

$$e_{si} = 6.1078 \exp\left[\frac{21.8745584(T-273.16)}{T-7.66}\right] \tag{4.3}$$

式中,温度 T 的单位为 K,若转换为以 10 为底的指数形式,则为:

$$e_s = 6.1078 \times 10^{\frac{at}{b+t}} \tag{4.4}$$

式中,t 的单位为 ℃,a 和 b 是常数,对于水面:$a=7.5$,$b=237.3$;对于冰面:$a=9.5$,$b=265.5$。计算得到的饱和水汽压单位取决于指数前面系数的单位,如经验公式中 6.1078 指的是水三相平衡时温度(273.16 K)对应的饱和水汽压,单位为 hPa。

(2)绝对湿度

绝对湿度(absolute humidity,ρ_v)指单位体积湿空气中含有的水汽质量,即空气中的水汽密度,单位为 g·m^{-3}。绝对湿度不能直接测得,需要基于理想气体状态方程通过其他物理量间接计算。

在常温、常压下,纯水汽可以看作理想气体,其状态方程为:

$$e = \rho_v R_v T \tag{4.5}$$

式中,R_v 是水汽的比气体常数,取值 461.51 J·kg^{-1}·K^{-1}。

若取 e 的单位为 hPa,ρ_v 的单位为 g·m^{-3},T 的单位为 K,则绝对湿度与水汽压之间的关系近似为:

$$\rho_v \approx 217 \frac{e}{T} \tag{4.6}$$

(3)相对湿度

相对湿度(relative humidity,RH)是空气中的实际水汽压与同温度下的饱和水汽压的比值,常用%表示,即

$$RH = \frac{e}{e_s} \times 100\% \tag{4.7}$$

当相对湿度接近 100% 时,表示空气接近于饱和。然而,相对湿度并不是表征大气湿度绝对变化的物理量,它是水汽压和气温的函数。当水汽压不变时,气温升高,饱和水汽压增大,相对湿度会减小,这就是导致相对湿度日变化与气温日变化趋势相反的原因(图 4.2)。

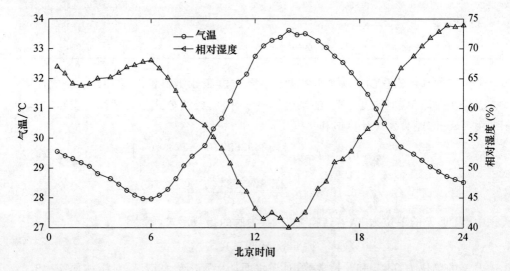

图 4.2　江苏省东山站 2012 年 7 月 30 日气温和相对湿度的日变化

(4)饱和水汽压差

在一定气温下,饱和水汽压与空气中实际水汽压的差值称为饱和水汽压差(vapor pressure deficit,VPD)。即实际空气距离饱和状态的程度。

$$VPD = e_s - e \tag{4.8}$$

饱和水汽压差作为地表蒸发的驱动力,常用于计算地表蒸发和植物蒸腾的公式中。

(5)比湿

在一团湿空气中,水汽质量(m_v)与该团空气总质量(水汽质量加干空气质量m_d)的比值称为比湿(specific humidity,q),单位是$g \cdot g^{-1}$或$g \cdot kg^{-1}$,表示每 1 g 或 1 kg 的湿空气中含有多少克的水汽。

$$q = \frac{m_v}{m_d + m_v} \tag{4.9}$$

根据比湿定义和气体状态方程可以得到比湿与水汽压的关系式:

$$q = 0.622 \frac{e}{p - 0.378e} \approx 0.622 \frac{e}{p} \tag{4.10}$$

对于某一团空气而言,只要其中水汽质量和干空气质量保持不变,不论发生体积膨胀或压缩,其比湿都保持不变。

(6)水汽质量混合比

在一团湿空气中,水汽质量m_v与干空气质量m_d的比值称为水汽质量混合比(water vapor mixing ratio,s_v),单位为$g \cdot g^{-1}$或$g \cdot kg^{-1}$,数值与比湿接近。

$$s_v = \frac{m_v}{m_d} \tag{4.11}$$

根据其定义和气体状态方程,可以导出水汽质量混合比与水汽压的关系式:

$$s_v = 0.622 \frac{e}{p - e} \approx 0.622 \frac{e}{p} \tag{4.12}$$

(7)水汽摩尔分数

水汽摩尔数n_v与湿空气摩尔数(水汽摩尔数加干空气摩尔数n_d)的比值,称为水汽的摩尔分数(water vapor mole fraction,χ_v),单位 mol $\cdot$ mol^{-1}或 μmol $\cdot$ mol^{-1}:

$$\chi_v = \frac{n_v}{n_d + n_v} \tag{4.13}$$

根据道尔顿分压定律,水汽的摩尔分数也可表示为:

$$\chi_v = \frac{e}{p} \tag{4.14}$$

此外,基于水汽的状态方程,水汽摩尔分数也可直接用水汽密度计算得到。

$$\chi_v [\mu mol \cdot mol^{-1}] = \rho_v [mg \cdot m^{-3}] \frac{R_v [J \cdot kg^{-1} \cdot K^{-1}] T[K]}{p[Pa]} \tag{4.15}$$

若等式右边变量的单位如方括号内所示,则计算得到的水汽摩尔分数的单位为μmol $\cdot$ mol^{-1}(10^{-6})。

(8)露点

当空气中水汽含量不变,气压一定的条件下,使空气冷却达到饱和时的温度,称为露点温度,简称露点(dew point,T_d),单位与气温相同。

$$T_d = \frac{c\ln(e/a)}{b-\ln(e/a)} \qquad (4.16)$$

式中,$a=0.611$ kPa,$b=17.502$,$c=240.97$ ℃。

露点对应的饱和水汽压等于实际水汽压。当气压一定时,露点的高低只与空气中的水汽含量多少有关,水汽含量越高,露点也越高。实际大气经常处于未饱和状态,故露点温度比气温低($T_d<T$)。因此,根据两者的差值(温度露点差),可以大致判断出空气距离饱和状态的程度。

(9)湿球温度

湿球温度(wet bulb temperature,T_w)是指在通风罩内用湿纱布包裹的温度表观测到的温度。水分蒸发进入空气,空气冷却,水汽压增加。由于空气温度改变产生的热量变化必须等于水蒸发进入空气的潜热,即湿布上水蒸发的能量由外界空气的感热通量提供(图4.3)。湿球温度表表面的能量平衡方程为:

$$\rho c_p \frac{T_w-T_a}{r_b} + \lambda \rho_d \frac{s_v^*-s_v}{r_b} = 0 \qquad (4.17)$$

式中,ρ是空气密度(kg·m^{-3}),c_p是空气比定压热容(1004 J·kg^{-1}·K^{-1}或29.3 J·mol^{-1}·K^{-1})。T_a是空气温度(℃),r_b是湿球表面边界层阻力(s·m^{-1}),λ是水的汽化潜热(2440 J·g^{-1}或44 kJ·mol^{-1}),ρ_d是干空气密度(kg·m^{-3}),s_v^*和s_v分别是湿球表面的饱和水汽混合比和空气的水汽混合比(g·g^{-1})。

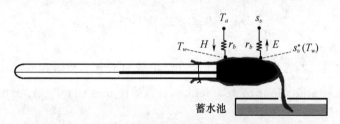

图4.3　湿球温度表的能量平衡示意图(李旭辉,2018)

根据气象台站的湿球温度T_w和干球温度T_a观测值即可确定水汽压(Campbell et al.,1998)。

$$e = e_s(T_w) - \gamma p(T_a-T_w) \qquad (4.18)$$

式中,$\gamma = pc_p/(0.621\lambda)$,为干湿表常数,海平面处数值约为0.66 hPa·K^{-1}。

上述各种表示大气湿度的物理量中,水汽压、绝对湿度、比湿、水汽混合比、露点表示的是空气中水汽含量的多寡(Arya,2001),而相对湿度、饱和水汽压差、温度露点差则表示空气距离饱和状态的程度,这些大气湿度物理量可以互相换算(图4.4),其具体用途见表4.3。

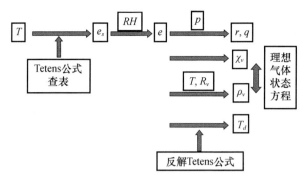

图 4.4　大气湿度物理量的计算流程

表 4.3　大气湿度物理量的总结

名称	惯用符号	单位	测量方法	应用
混合比	s	$g \cdot g^{-1}$	绝对法（称重法）	因在气块无相变的绝热过程中保持常量，故常用于理论计算
比湿	q	$g \cdot kg^{-1}$		
水汽密度	ρ_v	$g \cdot m^{-3}$ $kg \cdot m^{-3}$	绝对法（称重法）	表示水汽绝对含量，常用于理论计算
水汽压	e	hPa	通风干湿表	表示水汽绝对含量
露点	T_d	℃	露点仪	预报露、霜、云和雾等现象是否出现
霜点	T_f	℃		
相对湿度	RH	%	通风干湿表和毛发湿度计	表示空气接近饱和状态的程度，也可用来推算其他湿度参量
湿球温度	T_w	℃	湿球温度表	表征人体感知的湿热状态和受到的热胁迫

二、大气水汽的时空变化特征

　　作为大气中变化最为活跃的成分,水汽具有明显的时间变化、空间分布和垂直变化特征。与气温相比,大气水汽浓度的时空变化小得多。温度高有利于水面蒸发,所以在温暖的大片水域附近,大气水汽含量往往较高。因此,大气中的水汽含量随着纬度的增加而减少,自赤道附近向两极递减。目前地面上观测到的最高露点是34 ℃,在阿拉伯半岛的沙加海滨。若气压为 1000 hPa,则混合比为 35 $g \cdot kg^{-1}$,这是目前已测得的湿度最大值,一般认为实际大气的比湿或混合比小于 40 $g \cdot kg^{-1}$,水汽压小于 60 hPa。湿度最小值出现在气温最低的地方,目前有记录的最低地面气温是－88.2 ℃,位于南极的俄罗斯东方站(Vostok 站,海拔 3470 m),相应的饱和水汽混合比是 10^{-4} $g \cdot kg^{-1}$,与最大值相差 5 个数量级。虽然地形差异、气候条件、植被覆盖、距离水源远近使局地的水汽含量在水平方向有很大差异,但总体而言,地面大气中的水汽含量是随着纬度的增加而减少的。

水汽量的年变化也很明显,大部分地区呈现夏季高、冬季低的季节变化特征。如北京夏季水汽混合比可达到 30 g·kg^{-1},冬季甚至低于 5 g·kg^{-1}。在年际尺度上,大气水汽含量随着气温升高而增加,其增加的幅度可以通过克劳修斯-克拉贝龙方程来估算:

$$\frac{\mathrm{d}e_s}{e_s} = \frac{L_v}{R_v T^2}\mathrm{d}T \tag{4.19}$$

当前全球气温平均值 $T \approx 288$ K,温度每上升 1 K,e_s 将上升 6.5%~7%。因为地球表面 71% 是海洋,从全球角度来看,下垫面可认为是充分湿润的。大气水汽浓度的变化不受下垫面湿润程度的限制,主要由气温控制。因此,CO_2 浓度倍增,气温上升 3 K,将使 e_s 上升 20%,大气的水汽浓度也上升近 20%。

水汽含量随高度的变化特征往往比较复杂,受到温度垂直分布、对流运动、湍流交换、云层的凝结和蒸发以及降水等多种因素的影响。大气中的水汽主要来自江河湖海的水面蒸发、植物蒸腾以及其他含水物质的蒸发。在对流层内,空气中的水汽含量随海拔高度增加而减少,但有时也可观测到湿度逆增现象。由于逆温层的稳定结构阻止了水汽向上输送,故湿度逆增层往往和逆温层同时存在。图 4.5 是全球水汽年平均比湿随纬度分布的剖面图,由该图所示的垂直廓线可知,平均比湿随高度按指数规律递减。超过 90% 的水汽在 500 hPa(中纬度地区约 5 km)以下,其中 50% 的水汽集中在 850 hPa(约 1.5 km)以下,且热带地面的比湿最大。平流层内水汽分布比较均匀,浓度远低于对流层中数值,在 1~3 ppm[①] 范围内变化。

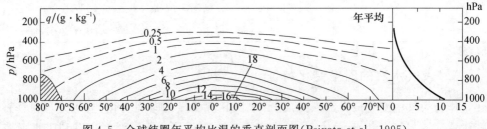

图 4.5　全球纬圈年平均比湿的垂直剖面图(Peixoto et al.,1995)

第二节　生物体和环境中的液态水

大气中的水汽通过成云致雨降落至地表,为地面蒸发、植物蒸腾提供了最重要的水分来源。气象台站观测的降水量是指某一时段内的未经蒸发、渗透、流失的降水,在

---

① 　ppm:百万分率(10^{-6}),下同。

水平面上积累的深度,以单位时间内的降水量表示降水强度。常用的观测仪器有雨量器、翻斗式雨量计、虹吸式雨量计、称重式降水传感器等。有生命的生物体中几乎所有的水都是以液态形式存在,水也主要以液态的形式由生物体从环境中吸取。因此,要理解液态水交换、输送过程和生物反应,就需要对液态水的物理特性进行描述。

以土壤为例,土壤水分含量的变化受控于地表水分平衡,即在一定的时间范围内,所研究地区的地表水分总收入与总支出的差额等于该地区地表土壤水分含量的变化。地表水分的收入项包括降水量、地面水分凝结量、地面流入水量和下层土壤流进水量;地表水分的支出项包括蒸发量、地面流出水量和下层土壤流出水量。与其他项相比,地面水分凝结量可以忽略不计。因此,土壤水分含量的变化主要取决于降水、蒸发和地表径流。

一、水势和含水量

描述生态系统中水分状态的变量分为强度量和广延量。比如人们熟知的含水量就是广延量,其大小与系统的摩尔数或质量成正比,而水势是描述系统中水分状态的强度量。水势决定了系统中水流的方向和速率,且水势与含水量之间可以相互换算。

体积(或质量)含水量指系统中水的体积(或质量)与其总体积(或总质量)之比,即

$$\theta = \frac{V_w}{V_t}$$
$$w = \frac{m_w}{m_d}$$

(4.20)

式中,V 是体积(cm^3),m 是质量(g),下标 w、t 和 d 分别代表水、总量和干体积或干质量。θ 为体积含水量($cm^3 \cdot cm^{-3}$),w 为质量含水量($g \cdot g^{-1}$)。比如,农业气象中用烘干法测定的土壤含水量就是质量含水量,土壤水分传感器测定的是体积含水量。两者之间可以通过容重 ρ_b 进行转换。

$$\theta = \rho_b w$$

(4.21)

$$\rho_b = \frac{m_d}{V_t}$$

(4.22)

土壤或生物体组织中的水与容器中的水不同,它会受到生物体组织或土壤基质的束缚,受到溶液中溶质的稀释,有时还会处于压力或张力之下,这些状态用水势描述更为合理。水势(ψ)定义为单位摩尔、单位质量、单位体积或单位重量的水所具有的势能,纯水水势为零。水势梯度是系统中液态水流动的驱动力。

如定义所述,描述水势的单位有多种。若假设水的密度为 1×10^3 kg $\cdot m^{-3}$,重力加速度为 9.8 m $\cdot s^{-2}$,水势各种单位之间的换算关系如下:

$$1 \text{ J} \cdot kg^{-1} = 1 \text{ kPa} = 0.001 \text{ MPa} \approx 0.1 \text{ m} = 0.1 \text{ J} \cdot N^{-1}$$

系统的水势由几个分量组成,总水势等于各分量之和。

$$\psi = \psi_g + \psi_m + \psi_p + \psi_o \tag{4.23}$$

式中,ψ_g、ψ_m、ψ_p 和 ψ_o 分别代表重力势、基质势、压力势和渗透势。每个水势分量对总水势都有贡献,但并非系统中会同时存在四种水势分量,在多数情况下,只有其中的1~2种水势分量。

(1)重力势

重力势是指由水在重力场中的位置所产生的势能。要计算重力势,必须指定参考高度。

$$\psi_g = gh \tag{4.24}$$

式中,g 是重力加速度常数($9.8 \text{ m} \cdot \text{s}^{-2}$),$h$ 是需要确定水势的位置到参考高度的距离。在参考高度以上,h 为正,否则为负,ψ_g 的正负取决于 h 的正负。

(2)基质势

基质势来源于土壤颗粒、蛋白质、细胞等对水的吸附作用。与自由水相比,附着力或凝聚力会吸附水,减少水的势能,若自由纯水的水势为零,则基质势总为负值。任何吸水物质的含水量与基质势之间都存在一定的关系,这种关系称为水分特征曲线。图 4.6 是三种不同质地土壤的水分特征曲线。黏土由于其吸附水的表面积大,在低水势下,大多水分都被土壤紧紧吸附。而沙土的基质很难吸附水分,在高水势下,大多水分被吸附得很松。对细胞、蛋白质等也可画出类似的曲线,曲线形状也与土壤水分特征曲线相似。在较大的基质势变化范围内,描述水分特征曲线的经验方程为。

$$\psi_m = a_m w^{-b_m} \tag{4.25}$$

式中,w 是质量含水量,a_m 和 b_m 是由观测数据确定的常数。

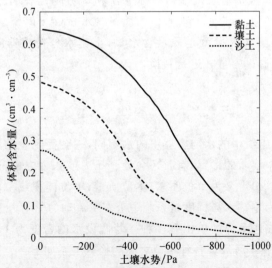

图 4.6 三种质地土壤的水分特征曲线

（3）压力势

压力势是由流体静力或气体动力压力产生的，如动物的血压、土壤中地下水位以下的水压、植物细胞内的膨压等。在很多情况下，压力势与基质势难以区分。例如，在土壤中，正的静水压称为压力势，而负压称为基质势。在植物的木质部，压力通常为负，而这种水势称为压力势。产生这种混淆的原因在于不同系统的水势分量不同，而且这些分量主要由测量方法而非热力学理论来确定，主要通过作用于水的力的性质来区分压力势和基质势。基质势定义为在界面附近短距离的力（毛管力或范德瓦尔斯力），它的作用是使水的自由能减小，故总为负值。而压力势则是在系统较大区域上的一种宏观作用，可正可负，但通常是正值。

压力势根据下式计算。

$$\psi_p = \frac{P}{\rho_w} \tag{4.26}$$

式中，P 是压力（Pa），ρ_w 是水的密度（$kg \cdot m^{-3}$）。

（4）渗透势

渗透势是溶质溶解于水时产生的稀释效应。它并不像其他水势一样是水分运动的驱动力，除非溶质被半透膜所束缚，这种情况主要发生在植物和动物细胞中以及水-汽界面。当溶质被理想的半透膜束缚时，渗透势可由下式计算。

$$\psi_v = -C\phi\nu RT \tag{4.27}$$

式中，C 是溶质溶度（$mol \cdot kg^{-1}$），ϕ 是渗透系数，ν 为每个溶质分子含有的离子数量（如 NaCl 为 2），R 是普适性气体常数（8.3143 $J \cdot mol^{-1} \cdot K^{-1}$），$T$ 是热力学温度（K）。生物体及其环境中的溶液的渗透系数 ϕ 通常在 0.9～1.1 范围内变化，理想溶质的渗透系数 ϕ 为 1。

自然界中有两个典型的例子可以说明水势的平衡以及它们的求和方法。在植物细胞中，溶质的浓度很高，细胞膜对水是渗透的，但对溶质则不然，因此水从外界流向细胞，细胞壁组织体积膨胀，细胞内压力增大。当压力势和渗透势之和等于木质部的水势时，水停止向细胞流动。如果植物的细胞壁不坚固，不能忍耐高压，水会持续进入细胞，细胞液稀释直至生命终止。另一个例子与动物循环系统中的血液有关。溶质通过毛管系统自由扩散，但蛋白质分子太大，从而保持在血流中，血液中蛋白质负的基质势刚好与正的血液压力势相平衡。

二、生物体及其环境中的水势

了解生物体及其环境中的水势范围对后续计算和理解生态系统中的水分运动非常有益。人体血液的渗透势大约是 -700 $J \cdot kg^{-1}$，刚出的汗液的渗透势约为 -350 $J \cdot kg^{-1}$，尿液的渗透势是血液渗透势的 2～3 倍，大多哺乳动物的血液和其他液体的渗透势与上述数值相近。植物叶片中的细胞液的渗透势为 -500～

$-7000\ J\cdot kg^{-1}$,中生植物的渗透势为$-1000\sim-2000\ J\cdot kg^{-1}$。通过图4.7可以理解在水势梯度驱动下土壤—植被—大气连续体中的水分流动特征。夜间,叶片的水势与土壤水势接近,土壤—根系—叶片的水势梯度很小,叶片的蒸腾速率很低,若土壤足够湿润,此时叶片的最大水势接近于纯水水势。白天,土壤—根系—叶片的水势梯度明显,在此驱动下,水流顺着水势梯度从水势高的地方流向水势低的地方,叶片的蒸腾速率高,膨压接近零,叶片水势约等于渗透势。因此,对生长在湿润土壤中的植物而言,其叶片水势的昼夜变化可达$-100\sim-2000\ J\cdot kg^{-1}$。

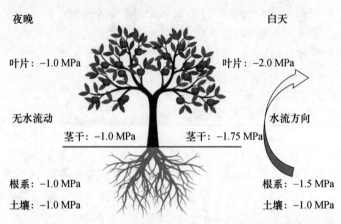

夜晚   白天

叶片:-1.0 MPa   叶片:-2.0 MPa

无水流动   水流方向

茎干:-1.0 MPa   茎干:-1.75 MPa

根系:-1.0 MPa   根系:-1.5 MPa

土壤:-1.0 MPa   土壤:-1.0 MPa

图4.7 夜间和白天土壤和植物系统中的水势大小示意图

理解土壤水势有助于农业科学灌溉。当土壤饱和时,其水势接近于零,在重力作用下,水势会降至$-10\sim-30\ J\cdot kg^{-1}$,此时对应的土壤含水量称为田间持水量(field capacity),是土壤有效水分的上限。当植物从土壤中吸收水分时,土壤水势降低,直至根系不能从土壤中汲取水分为止。低于植物根系所能吸收的最低水分时的土壤含水量称为永久凋萎湿度(permanent wilting point),对应的土壤水势约为$-1500\ J\cdot kg^{-1}$,是植物利用土壤有效水分的下限。表层土壤由于通风干燥,其水势可低至$-3\times10^{-5}\ J\cdot kg^{-1}$,但这种干燥只影响到表层几十厘米厚的土壤,其余深度处土壤的含水量不可能降至$-2000\ J\cdot kg^{-1}$以下。

第三节 水分的生态效应

一、水分对植物的影响

叶片在进行光合作用时,气孔的开放会引起叶片水分散失:

$$A=g_s(c_a-c_i) \tag{4.28}$$

$$E = 1.6g_s VPD_L = 1.6g_s(e_i - e_a) \tag{4.29}$$

式中，A 为光合作用，E 为蒸腾作用，g_s 为气孔导度，c_a 和 c_i 分别为大气和胞间 CO_2 浓度，e_i 和 e_a 分别为叶片和大气的水汽压，VPD_L 为叶片和空气的水汽压差。

如果从根部供应的水分不足以补偿叶片损失的水分，则导致叶片的相对含水量降低。气孔导度的调节使光合作用受到 CO_2 扩散作用及光合电子传递的双向限制。较高的叶片气孔导度和较高的细胞间 CO_2 分压对提高 CO_2 同化率的影响不大，但能显著增加叶片的蒸腾速率。在较低的气孔导度情况下，叶片水分的散失随着气孔导度降低呈线性下降，这与叶片—大气间的水汽压差保持不变有关。由于植物对 CO_2 的需求量不变，引起细胞间隙 CO_2 分压下降，细胞间与大气 CO_2 分压的差值增加，使大气与叶肉细胞间的 CO_2 浓度梯度增大，对气孔导度的下降产生反作用。由于胞间 CO_2 分压下降引起的光合速率下降程度小于引起的蒸腾速率下降程度，导致植物水分利用效率随着气孔导度的下降而下降。

当植株受到水分胁迫时，气孔关闭。这种反应首先受脱落酸（ABA）调控，当土壤较干燥时，根系产生植物激素 ABA，并输送到叶片；其次，叶片膨压势的降低也会影响气孔开度，这种反应或许也受叶片产生的 ABA 影响；水汽压差的增加会引起气孔导度的下降。因此，在植物将要处于水分胁迫或处于水分胁迫的初始阶段，水分的散失都会受到不同程度的抑制。在环境比较干燥时，这两种调控机制的作用结果通常会使气孔在正午关闭，最终导致光合速率下降。

水分胁迫抑制光合作用的原因除了水分亏缺后造成气孔关闭，CO_2 扩散阻力增加外，还有以下原因：水分胁迫导致叶绿体片层膜体系结构改变，光系统Ⅱ活性减弱甚至丧失，光合磷酸化解偶联；叶绿素合成速度减慢，光合酶活性降低；水解加强，糖类积累。

就植物而言，水分对植物的生长有一个最高、最适和最低的三基点。低于最低水分，植物萎蔫、生长停止；高于最高点，根系缺氧、窒息、烂根；只有处于最适范围内，才能维持植物的水分平衡，以保证植物有最优的生长条件。水分亏缺导致植物生长受阻。种子萌发时，需要更多的水分，因水能软化种皮，增强透性，使呼吸加强，同时水能使种子内凝胶状态的原生质转变为溶胶状态，使生理活性增强，促使种子萌发。水分还影响植物的各种生理活动。实验证明，在萎蔫前，蒸腾量减少到正常水平的 65%，同化产物减少到 55%；相反，呼吸却增加 62%，从而导致生长基本停止。

联合国政府间气候变化专门评估委员会第五次评估报告指出，相较于过去，全球近 50 年来干旱事件发生的频度、强度和持续时间显著增加，并且这种趋势在未来有进一步扩大的迹象。例如，2010 年亚马孙地区发生的极端干旱事件，导致该区域热带雨林生态系统碳净损失约 2.2 Pg，几乎占到了全球森林生态系统一年的净碳吸收量。极端干旱直接影响植物的生长和发育，甚至导致其死亡。当前关于干旱对植物生理生态的影响,主要有两种假说,即"水力失衡"和"碳饥饿"。"水力失衡"假说认为,干旱导致树木死亡可能来源于木质部导管栓塞引起的土壤与植物系统间的水力传输过程失衡;"碳饥饿"假说则认为,干旱诱发气孔关闭后导致光合作用减弱,使得光合产物不足以支撑植物的正常生理代谢过程,导致植物死亡(图 4.8)。植物气孔调节叶片水势的策略差异也使"碳饥饿"现象在不同物种中发生的可能性有很大差异。在植物个体水平上,干旱通过降低土壤水分和养分的可利用性等途径来影响叶片和根系性状。干旱降低了叶片光合速率和气孔导度等,从而降低了光合碳固定,导致植物分配到地下根系的生物量降低,增加根系死亡率。

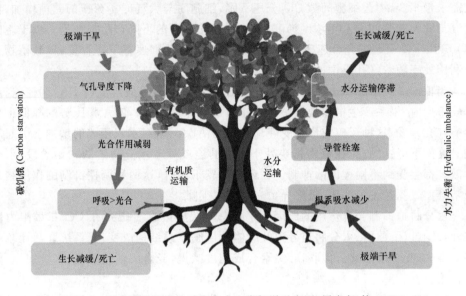

图 4.8 干旱诱发的碳饥饿和水力失衡假说示意图(周贵尧 等,2020)

水分条件与农业生产关系密切。在热量能够满足的地区,水分条件往往是多熟种植的关键因素,因为多熟种植比一熟种植耗水量大,高产作物又比中低产作物的耗水量大。研究表明,京津地区两年三熟制在低产水平下耗水量为 400 ~ 500 mm/a;一年两熟制耗水量则大于 800 mm/a。高产的小麦—玉米两熟制水分消耗至少在 800 mm/a 以上;双季稻一般要比一季稻多耗水 50% 以上。因此,实现作物多熟高产必须要有水分保证,要研究多熟种植与水分需求之间的关系,以便经济合理地用水;同时,应根据不同地区的水分条件选择对水分要求不同的作物。一般来说,谷、高粱需水量较少;玉米早期需水少而后期需水多;小麦需要的水分较多,且冬小麦比春小麦需水更多;水稻的需水量最大。与多熟制种植有关的水分条件,除了降水量、蒸散量和土壤湿度以外,还与水利、水文条件、地下水、径流量、渗漏量等有关。

从我国广大区域农业布局来看,多熟种植与水分的关系十分明显。年降水量小于 200 mm 的地区,只有通过灌溉才有农业;年降水量为 600 mm 左右的地区,相应的热量也比较丰富,旱地大多为小麦谷子(豆子)两熟,灌溉地可有小麦、玉米两熟;年降水量大于 800 mm 的秦岭—淮河以南、长江以北地区,可以有较大面积的麦稻两熟;而年降水量小于 800 mm 的地区,只有在灌溉条件下才能种植水稻;双季稻一年三熟的地区则要求年降水量在 1000 mm 以上。事实上,我国从北到南有相当大的耕地面积都需要灌溉,才能实现多熟高产。

从我国的水分资源特点来看,旱涝灾害对种植制度的威胁很大。由于雨量年内分配不均匀,往往发生季节性的干旱和雨涝,造成农业产量下降。在我国华北地区,年降水量的 60% 以上都集中在 7—8 月,极易发生夏涝,低洼地区更为严重,这对麦收后的夏播作物非常不利;9 月降水较少,经常发生秋旱,影响大秋作物灌浆;发生伏旱的概率虽小,但严重的年份对作物产量影响很大。在长江以南地区,尽管年降水量一般都在 1000 mm 以上,但是因降水的季节分配不均匀,也常有季节性干旱和雨涝,这必然影响各地多熟种植类型的选择和具体实施。

二、水分对动物的影响

水是动物体的主要组成部分,如水母含水量高达 95%,软体动物达 80%～92%,鱼类达 80%～85%,鸟类和兽类达 70%～75%。水对动物生长发育有重要的影响。在水分不足时,可以引起动物的滞育或休眠。如降水季节在草原上形成一些洼地里生活着一些水生昆虫,其密度往往很高,但雨季过后,它们就进入滞育期。啮齿类动物食物中的含水量如果减少一半,生长即受阻,普通田鼠甚至完全停止生长,其雌体也不能进行繁殖。此外,许多动物的周期性繁殖与降水季节密切相关,例如,澳洲鹦鹉遇到干旱年份就停止繁殖;羚羊幼兽的出生时间,正好是降水和植被茂盛的时期。

三、水分对微生物的影响

土壤微生物是土壤生态系统中最活跃的因素,在土壤形成和发育、土壤有机质分解、物质和能量输入、养分转化以及肥力演变等方面有着重要作用,是物质循环生态链中的重要环节。土壤水是植物吸收水分的主要来源,也是导致土壤生态环境变化的主要因素,对于土壤微生物菌群结构有重要影响。土壤微生物的生长需要一定的水分活度。在微生物群落组成中,不同的微生物类群对水分变化的忍耐性或敏感性与它们自身的生理特性有关。通常认为,在水分短缺的环境中,细菌比真菌具有更强的忍耐力,与细菌相比,真菌对水分变化的敏感性较弱。土壤水分影响植物根际土壤微生物菌群结构,主要通过两个途径:一是水分胁迫会对土壤微生物产生渗透压力直接影响微生物菌群结构变化。"渗透调节物质积累"假说认为,土壤微生物群落在水分胁迫条件下通过积累更多的渗透调节物质,而在湿润条件下通过释放渗透物质以维持细胞的压力势;同时微生物群落具有更快的周转速率和死亡率。在水分胁迫下真菌趋向于积累多元醇,而细菌主要利用氨基酸和多糖来抵抗干旱胁迫。二是水分胁迫会通过影响植物光合作用间接影响土壤微生物菌群结构,通过影响土壤微生物可利用碳源的质和量,进而间接影响土壤微生物群落。

第四节　动物和植物对水分的适应

在生物圈中水的分布十分不均匀。在长期进化过程中,不同类型的植物和动物对水因子的要求各不相同。根据植物对水分的需求量和依赖程度,可把植物划分为水生植物和陆生植物。动物按栖息地同样可以划分为水生和陆生两大类。本书重点介绍陆生植物和陆生动物对水分的适应。

陆生植物包括湿生、中生和旱生三种类型。湿生植物指在潮湿环境中生长,不能忍受较长时间的水分不足,即为抗旱能力最弱的陆生植物。根据其环境特点,还可以再分为阴性湿生植物和阳性湿生植物两个亚类。中生植物指生长在水分条件适中生境中的植物。该类植物具有一套完整的保持水分平衡的结构和功能。其根系和输导组织均比湿生植物发达。旱生植物生长在干旱环境中,能耐受较长时间的干旱环境,且能维护水分平衡和正常的生长发育。这类植物在形态或生理上出现了多种多样的适应干旱环境的特征,多分布在干热草原和荒漠区。旱生植物在形态结构上的适应,主要表现为增加水分摄取和减少水分丢失。一个显著的特点是具有发达的根系,例如沙漠地区的骆驼刺地面部分只有几厘米,而地下部分可以深达 15 m,扩展的范围达 623 m^2,可以更多地吸收水分;又如仙人掌科的许多植物,叶特化成刺状;松柏类植物叶片呈针状或鳞片状,且气孔下陷;夹竹桃叶表面被有很厚的角质层或白色的绒毛,能反射光线;许多单子叶植物,具有扇状的运动细胞,在缺水的情况下,它可以收缩,使叶面卷曲,尽量减少水分的散失。还有一类植物是从生理上去适应,即表现在它们的原生质渗透势特别低。低渗透势使植物根系能够从干旱的土壤中吸收水分,同时不至于发生反渗透现象使植物失水。

影响陆生动物水分平衡更多的是环境中的湿度,其适应特征表现主要有三种。第一种是形态结构上的适应。不论是低等动物还是高等动物,它们各自以不同的形态结构来适应环境湿度,保持生物体的水分平衡。如昆虫具有几丁质的体壁,防止水分的过量蒸发;生活在高山干旱环境中的烟管螺可以产生膜以封闭壳口来适应低湿条件;哺乳动物有皮脂腺和毛,都能防止体内水分过分蒸发,以保持体内水分平衡。

第二种是行为的适应。如沙漠地区夏季昼夜地表温度相差很大,因此,地面和地下的相对湿度和蒸发力相差也很大。一般沙漠动物白天躲在洞内,夜里出来活动,这表现了动物的行为适应。另外,一些动物白天躲藏在潮湿的地方或水中,以避开干燥的空气,而在夜间出来活动。干旱地区的许多鸟类在水分缺乏、食物不足的时候,迁移到别处去,以避开不良的环境条件。

第三种是生理适应。许多动物在干旱的情况下具有生理上的适应特点。例如,骆驼可以 17 d 不喝水,身体脱水达体重的 27%,仍然照常行走。它不仅具有储水的胃,驼峰中还储藏有丰富的脂肪,在消耗过程中产生大量水分,血液中具有特殊的脂肪和蛋白质,不易脱水。

复习思考题

1. 与水汽压、比湿和水汽密度相比,相对湿度表征大气湿度时有何不足?

2. 随着气候变暖,大气的绝对湿度将如何变化? 其变化速率大致是多少?

3. 气温为 15 ℃,相对湿度为 60%,大气压强为 1000 hPa,求实际水汽压(e)、饱和水汽压差(VPD)、露点(T_d)、实际比湿(q)、水汽密度(ρ_v)和水汽摩尔分数(χ_v,以 ppm 为单位),水汽比气体常数为 461.5 J·kg^{-1}·K^{-1}。计算结果保留 1 位小数。

4. 如果植物汁液的基质势与浓度为 0.3 mol·kg^{-1} 的 KCl 溶液的基质势相等,植物组织总的水势是 -700 J·kg^{-1},计算此时植物的膨压。

5. 试说明水分胁迫对植物光合过程的影响机理和过程。

6. 试探讨水生植物和动物对水分如何适应。

主要参考文献

李旭辉,2018. 边界层气象学基本原理[M]. 王伟,肖薇,张弥,等译. 北京:科学出版社.

盛裴轩,毛节泰,李建国,等,2013. 大气物理学(第 2 版)[M]. 北京:北京大学出版社.

周贵尧,周灵燕,邵钧炯,等,2020. 极端干旱对陆地生态系统的影响:进展与展望[J]. 植物生态学报,44:515-525.

Arya P S,2001. Introduction to micrometeorology [M]. USA. Elsevier,62-86.

Campbell G S, Norman J, 1998. An introduction to environmental biophysics [M]. Switzerland. Springer Science & Business Media,37-61.

Flexas J,Bota J,Galmés J,et al,2006. Keeping a positive carbon balance under adverse conditions: responses of photosynthesis and respiration to water stress[J]. Physiologia Plantarum,127: 343-352.

Peixoto J P,Oort A H,1995. 气候物理学(中译本)[M]. 吴国雄,刘辉,等译. 北京:气象出版社.

第五章 风及其生态效应

风是表征气流运动的物理量。风向和风速在短时间内呈不规则的变化。近地边界层的风速廓线在平坦的下垫面通常随高度呈对数函数形式变化。但当有植被存在时，由于植被冠层的影响，冠层内的风速廓线变得极为复杂。本章通过引入粗糙度和零平面位移的概念，将冠层以上和冠层内部的平均风速用适当形式的函数进行描述。此外，风会通过以下方面影响生态系统：影响植物生长和形态；影响土壤质地、水分和养分等状况；影响地表与大气之间的能量和物质交换。

第一节 风的基本概念

一、风的基本特征

风最明显的特征就是其多变性。通过树叶的摆动就察觉到风的随机变化，当看到农田里的"波纹"或湖面上的"猫掌风"就察觉到风的空间变化。我们还感受到风速的变化范围很大。在炎热的夏天，我们既看到很小尺度的"热浪"脉动，又感觉或听到很大尺度的波动，如阵风吹起尘土或摇动房屋。

二、风的表示方法

风不仅有数值的大小（风速），还具有方向（风向），因此风是向量（wind vector，亦称风矢量）。常规气象观测中的风向使用罗盘风向，此风向是指平均风的来向。地面风向用 16 个方位表示，每个相邻方位的角度差为 22.5°（图 5.1）。高空风向用方位度数表示风向，即以 0°表示正北，90°表示正东，180°表示正南，270°表示正西。风速为水平平均风速，风速的常用单位是 m·s^{-1}、knot（海里每小时，又称"节"，相当于 0.5 m·s^{-1}）和 km·h^{-1}（相当于 0.28 m·s^{-1}）。

在边界层气象学研究中，则常采用微气象学坐标系表示风向量的三维分量。微气象学坐标系是根据近地层内观测到的风矢量来确定水平坐标轴的方向，x 轴方向与平均水平风矢量一致，y 轴为侧风方向或横风方向，z 轴垂直于地面。对于平坦的地形，z 轴与重力方向相反。速度分量用符号 u、v 和 w 表示，u 是 x 方向、v 是 y 方向、w 是 z 方向上的速度分量。由于坐标系是朝着平均风的风向，因此近地层中 v 和 w 分量的平均值是零。风向量的 u、v 和 w 分量如图 5.2 所示。可以看出，风在三个方向的分量都有明显的瞬时变化,反映出其多变性。同时需要注意,如果风向发生改变,则坐标系的 x 轴和 y 轴也要相应地变化。严格来说,风速与平均风向量的大小是有区别的,但实际上两者经常互换。

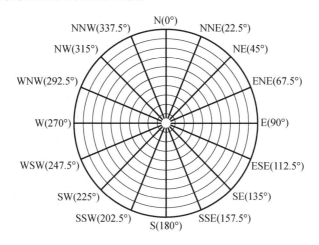

图 5.1　风向示意图

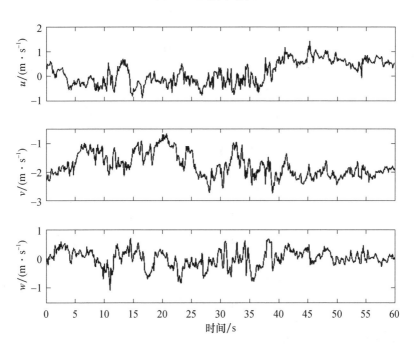

图 5.2　水塘上空所测得的水平风速 u、v 和垂直风速 w 的时间序列

第二节　植被冠层对风速的影响

一、近地面边界层基本结构和风廓线特征

近地面边界层位于大气边界层的底部,受到地表的强烈影响。在这一层中,风速、温度、湿度和气体浓度的垂直梯度控制着大气与地面之间的动量、能量、水汽和痕量气体的垂直交换。有植被存在的近地边界层的结构和风速廓线如图 5.3 所示。在植被冠层内,黏滞效应可以忽略,空气运动以湍流为主。冠层以上为粗糙子层,其厚度与冠层高度相当,该层内湍流以有组织的湍涡为主。冠层上方为常通量层,其高度为几十米,该层内的动量通量、热量通量和气体通量几乎不随高度变化。总的来看,风速随高度升高而变大。冠层内风速较低,冠层以上的粗糙亚层内,风速明显升高。在粗糙子层以上,风速的垂直递增速率减缓。在粗糙子层中,存在风廓线拐点,这种动力不稳定会激发有组织的湍涡,对动量和标量的输送效率要高于光滑表面层的湍涡。

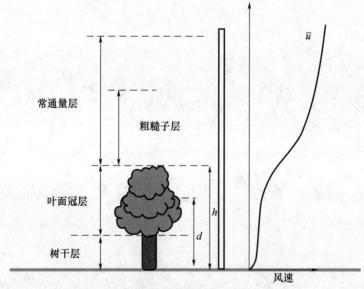

图 5.3　有植被的近地边界层分层及风速垂直廓线

二、冠层外风速的垂直分布特征

(1)风速垂直分布的对数法则

冠层以上的边界层风速廓线随高度大致呈对数函数形式变化。靠近地面,摩擦曳力使风速为零,气压梯度则使风速随高度增大。

在中性条件下,近地边界层风速呈对数变化,平均风速$\bar{u}$可以采用对数廓线的形

式表示：

$$\overline{u}=\frac{u_*}{k}\ln\frac{z}{z_0} \tag{5.1}$$

式中 u_* 为摩擦速度（m·s^{-1}）；k 为冯·卡门常数（无量纲，根据大量的风洞研究和微气象观测，最佳取值为 0.4）；z 为距下垫面的高度（m）；z_0 为地面粗糙程度的一个参数，称为空气动力学粗糙度（m）。

（2）空气动力学粗糙度

从理论上讲，与固体边界相接触的流体运动速度只有在其边界上为零。实际上，地面起伏不平或有障碍物，实际风速在离开地面一定距离处才为零，这一高度就定义为空气动力学粗糙高度（aerodynamic roughness），简称粗糙度。也就是说，风速廓线的起点是粗糙度。

不同植被相对应的粗糙度 z_0 不同（图 5.4，表 5.1）。一般而言，高大粗糙元对应的 z_0 数值较大；低矮粗糙元对应的 z_0 数值较小。它不仅与粗糙元的平均高度有关，还与单位面积上粗糙元的数量有关。对于一般的植被群落，在计算要求不是很严格的情况下，可以认为 $z_0=0.13h$（农田、草地等）或 $z_0=0.075h$（森林等），h 为冠层高度。

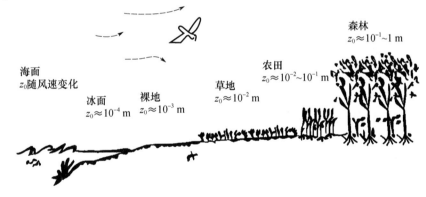

图 5.4　不同下垫面的地表粗糙度（于贵瑞 等，2018）

表 5.1　各种表面粗糙度的经验确定值（Hansen，1993）

表面类型	z_0/cm	表面类型	z_0/cm
冰	0.001	针叶林	110
干河床	0.003	苜蓿	3
平静广阔的海面	0.01	马铃薯（高度 60 cm）	4
沙漠、光滑	0.03	棉花（高度 1.3 m）	13
草、密刈	0.1	柑橘园	31～40
农田、雪覆盖	0.2	村镇	40～50

表面类型	z_0/cm	表面类型	z_0/cm
裸地、耕种	0.2~0.6	住宅、稀疏	110
稠密的草、50 cm 高	9	城市建筑物、商业区	175~320
森林、地形平坦	70~120		

(3)零平面位移

对于植被冠层,如果单纯地把从地面开始的高度作为 z 的话,公式(5.1)表示的对数关系并不成立。当各个粗糙元之间组合很紧密时,这些粗糙元顶部的作用就好似一个发生了位移的地面。这种情况下,把高度为 d 的平面作为一个假定的地面,用 $z-d$ 代替 z,d 即为零平面位移(zero-plane displacement)。由此,近地层内平均风速的垂直分布仍然呈对数形式,但随着零平面位移高度 d 向上偏移。对于农田或草地,d 一般取作物高度的 63%;对于森林,d 一般取群落高度的 70%~80%。

(4)冠层外风速廓线的表示方法

在研究植被冠层上空的风速垂直分布,经常利用 $z-d$ 取代 z 来描述其风速廓线特征。冠层外风速的垂直廓线可以用下式表示:

$$\overline{u} = \frac{u_*}{k}\ln\left(\frac{z-d}{z_0}\right) \tag{5.2}$$

三、植被冠层内的风速分布

植被冠层特别是森林对风的影响是明显的。林中高大的树干和茂密的枝叶使气流运动受阻减弱,导致林内风向、风速的改变,与此同时,也大大地削弱了林内的湍流交换。因此,冠层内的风速分布不能用对数法则来描述。

为了模拟冠层内的风,把冠层分成至少两层。在冠层内大部分高度,风速随距冠层顶的深度而呈指数下降。对冠层上部 90% 的高度,其方程为

$$u(z) = u(h)\exp\left[a\left(\frac{z}{h}-1\right)\right] \tag{5.3}$$

式中 a 是冠层衰减系数,不同冠层的衰减系数如表 5.2 所示。

表 5.2　不同冠层的衰减系数(Cionco,1972)

冠层	a	冠层	a
未成熟的玉米	2.8	向日葵	1.3
燕麦	2.8	圣诞树	1.1
小麦	2.5	落叶松	1.0
玉米	2.0	柑橘园	0.4

在冠层顶部的风速(h)等于公式(5.1)计算的$u(h)$,因此,在冠层顶部两个公式计算的风速相同。

在冠层底部10%的高度范围内,则用一种新的对数廓线表示,零平面位移为零,粗糙度为土壤表面粗糙度,在该高度范围内公式(5.1)适用。这一层的顶部风速与其上面一层底部的风速相同。由此可见,根据冠层上方某一高度处的风速,就可以计算冠层顶直到冠层底部所有高度的风速。

对于较高的森林冠层,叶片集中在顶部,树干层空间较大,冠层内的风向和风速与冠层外的风向和风速关系不大。冠层内水平气压差会引起风的发生,并且树干空隙内的粗糙元和地面会引起风向变化,这一点通过观察森林内的篝火可以发现。对于这样的冠层,公式(5.3)应当仅适用于冠层上部的30%～40%的高度。

第三节　风的生态效应

一、风对植物的影响

风对植物表型结构的影响程度与风速大小有关。适当的风速能增加植物和土壤与大气之间的物质和能量交换,使空气湍流加强。由于湍流对热量和水汽的输送,作物层内各层次之间的温度和湿度得到不断的调节,从而避免了某些层次出现过高(或过低)的温度或者过大的湿度,因此有利于作物生长发育。风速很大时,风力作用会改变植物的生长速率和叶片形态,导致植物的茎径向扩张、叶片厚度增加、茎伸长减小和叶面积变小,并且还会影响细胞合成。植物普遍矮化,冠幅变小,从而减小弯曲力矩。植株向背风面弯曲,冠层呈不对称的流线型,有助于减少风对树冠的拖曳力。风会引起叶片间相互摩擦,使得叶片表面蜡质层受到磨损,导致表皮电导性改变和水分流失。风速非常大时,如果超出植物的承受能力,则会对植物造成损害,抑制植物生长。植物要克服大风产生的作用力,必定以特定的根系构型来增强稳固性。研究表明,根系的固着力是由迎风面与背风面根系的综合作用产生的,迎风面根系为植株提供拉力,背风面根系为植株提供支持力。当风速超过植物承受力时会导致植物叶片被撕裂、剥离和磨损,甚至直接造成植被倒伏,而被风吹起的土壤颗粒也可能会磨损和破坏植物组织。其中,强风(包括飓风/台风、龙卷、雷暴和强劲的局地大风)的破坏力极大,对生态系统的组成结构、物种多样性以及生态功能造成深远而复杂的影响。

风可以影响植物衰老。风速的减弱会推迟秋天树叶的衰老,这一现象在高纬度地区较明显。根据地面和卫星观测数据,风的减弱与秋季叶片衰老显著相关,与温度和降水对叶片衰老趋势的贡献相比,风可能具有相对重要的作用。同时,风速的减弱会减少蒸散量,减少土壤水分流失,从而在深秋季节形成有利的生长条件。此外,风速的下降还导致叶片脱落的损害减少,这可能会延迟叶片的衰老并降低降温效果,从而减少霜冻损害。

风影响植物光合作用和蒸腾过程。首先,通风可使作物冠层附近的 O_2 浓度保持或接近正常的水平,防止或减轻植物周围的 CO_2 亏损。一般来说,微风会增加叶片气孔内的气体交换速率,增加叶片的光合作用,而大风则会降低叶片的光合作用。有研究表明,风力在 $3 \text{ m} \cdot \text{s}^{-1}$ 以下,冠层内 CO_2 浓度会减少到不利于作物光合作用的程度。风速增大,光合作用积累的有机物质减少。当风速达 $10 \text{ m} \cdot \text{s}^{-1}$ 时,光合作用积累的有机物质为无风时的 1/3。花器官受风的强烈振动也会降低结实。瞬时风则对光合作用的影响很小。风可引起茎叶振动,造成群体内闪光,可使光合有效辐射以闪光的形式分布到叶面上,从而促进光合作用。对针叶树来说,大风作用下叶片相互遮挡,光被拦截,光合作用大大降低。其次,风速增加通常能加快叶面蒸腾,从而吸收潜热,叶温降低。但如果叶温大大高于气温(如太阳辐射较强且气孔开度中等条件下),风速的增加会降低蒸腾。

风会影响生态系统结构。以干旱半干旱草原生态系统为例,风蚀影响较小的草地上,建群植物主要是多年生草本植物;风蚀影响较大的草地,地面水分含量较少,耐旱程度较高的蒿类半灌木会成为建群植物;若风速过大,则草原上旱生、超旱生灌木和半灌木处于优势地位。

二、风对土壤的影响

风对土壤养分、结构、水分和微生物有明显的影响。首先,风会对土壤资源起再分配和搬运的作用。典型的土壤风蚀过程是可蚀性颗粒的损失和原地表不可蚀性颗粒的聚集过程。一方面,风蚀使得含有土壤中大部分有机碳和营养物质的细土壤颗粒释放到大气,表层土壤颗粒的损失会影响土壤生产力。另一方面,风力作用会使土壤中不受侵蚀的聚合体逐渐演变成易受侵蚀的聚合体,然后带走其中的易蚀性颗粒。土壤风蚀过程中粉尘的释放量与跃移颗粒流量成正比,土壤风蚀量与粉尘释放量之间线性相关,而粉尘会造成空气浊化污染,对人类健康不利。其次,在长期风力作用下以及风速变化显著时,土壤结构会发生显著改变,表层土壤含沙量增加,而粉砂、黏粒含量减少,改变土壤结构,增加风蚀搬运率。由于风力作用带走大量土壤细小颗粒,改变了土壤结构,导致表层土的土壤持水力受到影响。再次,风速是影响土壤水分蒸发的主要因素之一。风速使接近土壤表面的空气连续不断地被扰动将接近饱和的空气带走,代之以干燥的空气,加速蒸发过程。风速与土壤水分蒸发量呈线性关系,风速越大,则蒸发作用越强烈;降低风速可以明显降低土壤水分蒸发量。最后,风通过影响土壤水分与温度,同时风会吹走或带来一些土壤遮盖物,这会影响土壤微生物的活动,进而对土壤生产力产生影响。风蚀过程被认为是一个土壤退化过程,是许多干旱半干旱地区严重的环境问题。

三、风对昆虫的影响

昆虫活动会受到风的影响。一方面,风可以帮助植物散播芬芳气味,招引昆虫为虫媒花传播花粉。另一方面,风会传播病原体,使病害蔓延。在病果上活动过的昆虫,在虫体上带有大量有生活力的孢子囊,那些包含在风传小水滴内的孢子囊以及由昆虫虫体携带的孢子囊均能迅速发芽。观察发现,多种昆虫如白粉蝶、稻纵卷叶螟成虫的迁飞、降落与气流运行及温湿度有密切关系。叶枯病、小麦条锈病的流行,都是菌源随气流传播的结果。

四、风对物质和能量传输的影响

大气中能量和物质的传输会受到风的影响。风能促使环境中氧气、二氧化碳和水汽均匀分布,并加速它们的循环,形成有利于植物正常生活的环境。风能促进物质在大气中的扩散。例如,炎热的夏日,每平方米植被每天能蒸发约 10 kg 的水;典型的冠层上光合作用吸收的 CO_2 量相当于 30 m 厚的空气层的 CO_2 含量;如果没有空气的湍流混合,蒸散和光合作用将明显改变地表大气的组分,影响人类和植被生活的微环境。大气扩散能力会随着风速增大而增强。例如,风速增强,大气对污染物的扩散能力增强,降低大气污染对植物的伤害;风速增强会显著提高水面蒸发速率和植被蒸散速率。

风会影响大气中物质在水平方向上的传输。以生物颗粒为例,大气中的生物颗粒包括靠风传播的植物种子、花粉和孢子等。这些生物颗粒的生命周期(包括生成、释放、扩散和沉降)的各个阶段都受到大气边界层条件的影响,对风场和湍流结构尤为敏感。对于尺寸较大的植物种子来说,扩散距离通常距离母本数十米的范围,其传播路径主要受植被高度处的风速、风向和植被冠层内的风向所控制。尺寸较小的花粉和孢子可以沉降在距离源区数千米的范围。其中一小部分颗粒物一旦被卷入大尺度对流湍涡,就可能逃离近地层,进入大气边界层上部,甚至到达自由大气,进行长距离传输。孢子的长距离传输是引发植物病害大范围传播的主要原因,花粉的长距离传输则可能导致基因污染,这也是植物育种专家非常关注的问题。

复习思考题

1. 在植物冠层上方放置 4 个风速表测定风速以获得风廓线,风速表应放在什么样的高度能获得关于风廓线的信息最多?(假设冠层为 40 cm 高)

2. 高尔夫球场上方 3 m 测定的平均风速是 2.7 m · s^{-1},草坪表面的风速是多少?(假设草的高度是 3 m)

3. 在 2 m 高玉米冠层中,如果作物顶部上方 1 m 处的风速是 4.6 m · s^{-1},则距地面 1 m 处的风速是多少?

4. 请列举风对生态系统产生影响的案例。

主要参考文献

李旭辉,2018.边界层气象学基本原理[M].王伟,肖薇,张弥,等译.北京:科学出版社.

于贵瑞,孙晓敏,等,2018.陆地生态系统通量观测的原理与方法(第二版)[M].北京:高等教育出版社.

Campbell G S,Norman J M,1998. An Introduction to Environmental Biophysics(Second Edition)[M]. Springer.

第六章　CO₂浓度升高及其生态效应

空气中含有CO_2,而且在过去很长一段时期中,含量基本上保持恒定。这是由于大气中的CO_2始终处于"边增长、边消耗"的动态平衡状态。大气中的CO_2有80％来自动、植物的呼吸,20％来自燃料的燃烧。散布在大气中的CO_2有75％被海洋、湖泊、河流等地面水体和大气降水吸收,还有5％的CO_2通过植物光合作用转化为有机物质贮藏起来。但CO_2浓度逐年增加,一方面是因为自19世纪工业革命以来,特别是最近几十年,大量工矿企业崛起,煤炭、石油、天然气等化石燃料过度燃烧,导致生成的CO_2大幅增加;另一方面是由于人类对森林的不合理砍伐,对草原过度放牧,为了城市和工厂的建设而损毁了大量农田,生态系统遭到严重破坏,使植物吸收的CO_2量明显下降;再加之地表水域面积逐年减少,降水量呈下降趋势,水吸收溶解的CO_2量也相应减少。这些因素共同作用,干扰CO_2生成和转化之间的动态平衡。

第一节　概　　述

一、CO₂浓度升高的研究意义

大气本底CO_2浓度已由1860年的280 ppm升高至目前的410 ppm左右,并以每年约2 ppm的速率升高(图6.1)。联合国政府间气候变化专门委员(IPCC)的研究报告指出,预计到2030年大气CO_2浓度将增加到550 ppm。CO_2作为温室气体,具有阻止地球热量散失的能力,是维持地表温度、保护生态平衡的必要组成部分之一。但是,近些年其浓度的快速升高导致了过量的温室效应,引发一系列气候变化问题。大气CO_2浓度的升高加速全球变暖并引发冰川融化、海平面上升,洪水、台风、热浪等极端天气频发等连锁反应,严重影响生态系统结构和功能的可持续性,对人类生存和发展造成极大的威胁。

为减少CO_2的排放,各国政府在1992年召开的联合国环境与发展大会上共同签订了《联合国气候变化框架公约》,其目标在于稳定CO_2等温室气体的浓度。随后,联合国气候变化大会陆续通过了《京都议定书》(1997年)、《巴厘岛路线图》(2007年)、《哥本哈根协议》(2009年)、《巴黎协定》(2016年)等重要的协议。

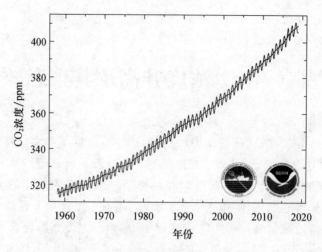

图 6.1　美国莫纳罗亚天文台大气 CO_2 浓度观测纪录（1958—2018 年）

注：曲折线段代表月平均数据；非曲折线段代表季平均数据

二、CO_2 浓度的测定方法

有关 CO_2 浓度测定的技术在不断更新。早期，CO_2 浓度测量主要依靠于固定的大气观测站点并采用人工气瓶采样法进行气体化学成分分析。目前地面大气 CO_2 浓度多用红外光谱分析仪测定，但随着光谱技术的发展，出现了多种光谱测量方法。最早出现的是非色散红外光谱技术（NDIR），如我国瓦里关全球大气本底站最先使用的 Licor 6251 分析仪，通过 CO_2 对某段红外波长的吸收特性原理来测量 CO_2 的浓度。虽然 NDIR 仪器系统简单、成本低，但其光谱分辨率较低。之后，激光吸收光谱技术快速发展，并成功用于连续、实时测量近地层大气 CO_2 浓度，其中包括可调谐二极管激光器技术（TDLAS）、量子级联激光吸收光谱技术（QCLAS）以及光腔衰荡光谱技术（CRDS）等。如今在痕量气体研究领域，应用最广的主要是 CRDS 技术。中国气象局的大气本底站都已安装了基于 CRDS 的在线观测系统，而 Picarro 分析仪是目前世界上最先进的设备。基于该技术的相关观测仪器灵敏度高、精确度和准确度高，快速、连续、实时测量，对环境温度变化不敏感，无须人工值守。其中，Picarro G1301/G1302 分析仪可用于大气中 CO_2、CH_4、CO、H_2O 浓度的多组分观测，基于波长扫描的光腔衰荡技术（WS-CRDS），仪器光腔的有效程可达 20 km，具有较高的精度和稳定性，对大气中 CO_2 分析精度可到 0.1 ppm。我国大气本底观测台站于 2009 年 1 月安装了该设备，并于 2016 年 7 月更新了 Picarro G2401 分析仪，进行地面温室气体浓度的实时在线观测。

虽然基于地基的传统大气 CO_2 探测方法具有实测精度高、可靠性强等特点，但测量结果都是单点的局地测量，缺乏对全球范围或区域大尺度监测的能力和统一的探测方法。现今随着航空航天事业的发展，将温室气体探测仪安装在热气球或者飞机上,有效地得到了区域尺度的近地表对流层浓度数据。尤其是近30年以来人造卫星技术不断发展,使得人们可以尽可能全面地监测地球状态的各类信息。欧盟、日本、美国和中国先后发射了具有 CO_2 浓度观测能力的 ENVISAT、GOSAT/GOSAT-2、OCO-2 以及 TanSat 气体观测专用卫星平台。基于此类卫星平台的遥感监测数据,得到了全球范围内稳定的高时空分辨率、长时间序列观测数据,已经成为监测全球温室气体变化监测的主流技术手段。

第二节　CO₂浓度的时空变化特征

根据卫星观测的全球大气 CO_2 浓度变化的特征分析发现,从空间分布上看,北半球 CO_2 浓度明显高于南半球,陆地大气 CO_2 浓度明显高于海洋。由于主要的陆地和人口集中在北半球,碳排放活动较南半球更频繁。2009—2019 年 CO_2 浓度都呈上升趋势,从 384 ppm 上升到 410 ppm。非洲中部地区 CO_2 浓度较高的主要原因是非洲碳储量的下降和厄尔尼诺现象导致的严重干旱,而热带雨林地区的人为砍伐也有部分影响。

从时间维度上来看,全球 CO_2 浓度一直呈上升趋势。国际能源署发布的《全球能源和二氧化碳现状报告》指出,2018 年全球 CO_2 排放总量高出 2010 年以来平均增速的 70%。夏威夷莫纳罗亚观测站自 1958 年以来一直在持续监测大气 CO_2 浓度,结果表明,在 2019 年 5 月,大气 CO_2 浓度均值达到 414.7 ppm,在人类历史上前所未有,也高于数百万年来任何时期的水平。中国 CO_2 排放在 1950 年之前很低,近几十年来急速增长,目前已成为排放量第一的国家(图 6.2)。当 CO_2 浓度超过 450 ppm 将可能导致极端天气事件,并可能使气温上升 2 ℃。如果超过这一幅度,那么全球变暖将很可能产生灾难性影响,且不可逆转。

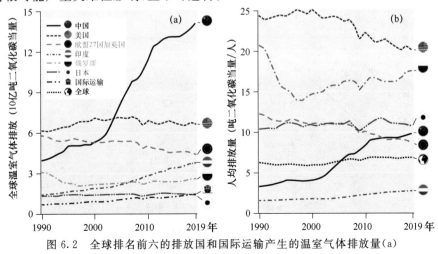

图 6.2　全球排名前六的排放国和国际运输产生的温室气体排放量(a)
以及人均排放量(b)(彩图见书后)

就季节变化而言,对流层大气 CO_2 浓度也呈现出显著的季节性特征,春季最高,夏季最低,其次为秋冬季节。在北半球的春季,陆地植被活动由于光合作用开始吸收大气中的 CO_2,出现碳源到碳汇的转化,大气中 CO_2 浓度降低,而夏季植被的光合作用最强,大气中 CO_2 浓度达到最低。到了秋冬季节,光合作用逐渐停止,植被活动开始由碳汇到碳源的转化,到了冬季大气 CO_2 浓度达到最高值。南半球则与北半球变化相反。

第三节　CO_2 浓度升高的生态效应

大气 CO_2 浓度升高是影响陆地生态系统可持续性的主要全球变化因子之一。近几十年来在森林、草地和农田开展了各项实验(包括完全开放式 CO_2 浓度增加实验,即 FACE 实验),结果表明,大气 CO_2 浓度升高导致的施肥效应将会增加植被的光合作用与生物量累积,也会改变土壤生物和非生物环境条件,促进土壤温室气体(如 CO_2、CH_4 和 N_2O)大量排放,从而加速全球气候变暖进程。

一、CO_2 浓度升高对植物的影响

(1)光合作用

大气 CO_2 浓度升高对植物最直接的影响就是其光合作用的变化。植物通过光合作用固定大气中的 CO_2,并合成碳水化合物,因此植物光合作用对环境中 CO_2 浓度的变化十分敏感。早在 1980 年,澳大利亚科学家 Farquhar 等(1980)就详细描述了植物光合作用和 CO_2 浓度变化的关系,并提出了光合作用的 CO_2 响应模型(图 6.3)。

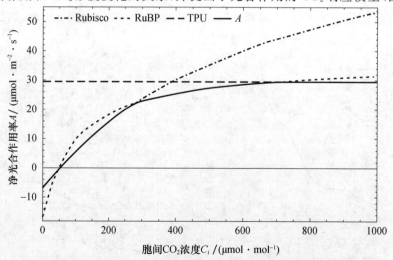

图 6.3　光合作用的 CO_2 响应曲线

注:Rubisco:酶羧化效率;RuBP:再生速率;TPU:磷酸丙糖利用效率

该模型指出,在理想的温度和光照环境下光合作用对 CO_2 的响应分为三个阶段(图 6.3):①在较低的胞间 CO_2 浓度(C_i)下,Rubisco 羧化速率限制了光合作用,净 CO_2 同化速率随 C_i 的增加而急剧上升;②随着 C_i 的进一步增加,光合作用受到 RuBP 再生能力(即光合电子传递速率)的限制;③光合作用会受到磷酸丙糖产生淀粉和蔗糖的能力的限制。

【拓展知识】Rubisco

Rubisco(核酮糖-1,5-二磷酸羧化酶/加氧酶,ribulose-1,5-bisphosphate carboxylase/oxygenase)是植物光合作用过程中固定 CO_2 的关键酶。在卡尔文循环中,CO_2 通过 Rubisco 酶被固定在 1,5-二磷酸核酮糖(Ribulose-1,5-bisphosphate,RuBP)上,生成 3-磷酸甘油酸酯(3-phosphoglycerate,PGA),这一过程被称为羧化反应。PGA 随后转化为 1,3-二磷酸甘油酸,再被还原为 3-磷酸甘油醛(Glycerate 3－phosphate,G3P)。G3P 的一部分用于再生 RuBP,其余的用于制造葡萄糖、蔗糖和其他碳基分子。

Rubisco 是一种双重功能的酶,既可以羧化也可以氧化 RuBP。与羧化反应中产生两个 PGA 分子不同,Rubisco 氧化 RuBP 将生成一个 PGA 分子和一个 2-磷酸乙醇酸(2-phosphoglycolate,PG)分子。由于 PG 在植物细胞中积累是有毒的,它必须通过光呼吸进行处理。光呼吸在降解 PG 时会消耗 ATP 和 O_2,同时释放先前固定的 CO_2。在 25 ℃时,C_3 植物叶片的光呼吸速率约为光合速率的 25%,是植物体内最大的代谢通量之一。

短期高 CO_2 处理会增加 C_3 植物的光合速率和净光合产物量。大气 CO_2 浓度升高对植物光合作用、产量及生产力的促进作用称为 CO_2 的施肥效应(CO_2 fertilization effects)。这一现象可以从两个方面进行解释:(1)CO_2 浓度增加使得叶绿体基质中 CO_2 对 Rubisco 酶结合位点的竞争增加,从而提高了羧化速度;(2)CO_2 浓度增加在一定程度上抑制植物的光呼吸,从而提高其净光合效率。

长期高浓度 CO_2 对植物光合速率的促进作用会随着时间的延长而逐渐消失,这称为植物对 CO_2 的光合适应(plant photosynthetic acclimation to elevated CO_2)。光合适应现象最为直观的证据是当长时间(数天至数月或数年)暴露在高 CO_2 浓度下的植物重新回到正常 CO_2 浓度时,其光合速率会下降。通过观察植物光合速率对 CO_2 浓度的响应曲线(即 A/C_i 曲线)在高浓度 CO_2 下的变化,可以揭示植物长期适应高 CO_2 的机制。在高 CO_2 浓度下,A/C_i 曲线的变化意味着叶绿体的类囊体上与 RuBP 羧化酶有关的磷酸基团(P_i)再生能力的改变。一般将利用 A/C_i 曲线测得的植物在高 CO_2 浓度下的光合能力称为 A_e(Assimilation at elevated CO_2),背景 CO_2 浓度下的光合能力称为 A_a(Assimilation at ambient CO_2),两者之比(A_e/A_a)可用来判断植物光合能力的变化。在胞间 CO_2 浓度不变时,如果 $A_e/A_a<1$,说明与 RuBP 羧化酶有关的 P_i 再生能力受限,植物光合能力下调;如果 $A_e/A_a>1$,说明 P_i 的再生能力提高,植物光合能力上调;如果 $A_e/A_a = 1$,说明高浓度 CO_2 对植物的光合能力没有产生影响。

目前,对植物发生光合适应的解释有三种:

① 底物限制作用：单纯升高 CO_2 浓度，短期内可促进光合作用，若营养条件未变，其他底物限制可能会导致光合适应。例如，植物在氮胁迫时易发生光合适应，在供氮充足时不发生光合适应。

② 反馈抑制作用：植物不能全部利用在高 CO_2 条件下所增加的碳水化合物（主要是淀粉），通过反馈抑制使叶片光合速率降低。例如，有研究发现，通过增加蔗糖磷酸合成酶(sucrose phosphate synthase，SPS)基因的表达提高了番茄蔗糖合成能力后，转基因番茄植株未发生光合适应现象，原因是此过程中光合作用产生的磷酸丙糖被运出叶绿体用于合成蔗糖，从而抑制了叶绿体中淀粉的合成。但通过减少相关基因的表达以降低马铃薯中蔗糖的合成能力（促进了叶绿体中淀粉的合成）后，转基因马铃薯比野生型马铃薯更快地发生了光合适应现象。这些结果表明叶绿体内碳水化合物的增加可能是引起光合适应的一种机制。

③ 体内氮资源再分配假说：即体内蛋白质的再分配影响了光合作用的酶促过程。例如，有研究发现 CO_2 浓度升高主要引起老叶中 Rubisco 的含量和活性发生变化，对幼叶没有影响。

(2)蒸腾作用和水分利用效率

植物叶片的气孔导度可反映单位时间内进入单位叶片面积的 CO_2 或水蒸气量，是影响植物蒸腾作用的主要因素。高 CO_2 浓度对植物最初的影响是导致气孔部分关闭，减少植物蒸腾作用。例如，当大气 CO_2 浓度增至 500～700 ppm 时，常见农作物的气孔导度可降低 20%～40%。但是不同类型植物的蒸腾作用对 CO_2 浓度升高的敏感性差异较大。研究表明，长期生活在较高 CO_2 浓度下的 C_3 植物的气孔导度、蒸腾速率随 CO_2 升高而下降的幅度大于 C_4 植物，荒漠 C_3 植物大于雨林 C_3 植物，喜光植物大于耐荫植物。植物叶片气孔导度对高 CO_2 浓度的敏感性存在一定的规律性，具体表现为：①禾草＞非禾本科草本＞木本植物；②阔叶植物＞针叶植物。

虽然高 CO_2 浓度能显著降低叶片气孔导度，但是当气孔导度的下降幅度大到足以改变整株植物或植物群落的水分利用效率(water use efficiency，WUE)时，这一影响才有生态学意义。科学家通过分析涡度相关和树木年轮同位素数据，发现植物WUE 在 20 世纪增加了约 48%，且这段时间 WUE 的增加是由于 CO_2 升高对光合作用和气孔导度的影响。FACE 试验表明，在叶面积指数不变的情况下，生态系统中冠层蒸腾的减少将导致温带落叶林土壤水分的增加。现有的模型预测也支持大气 CO_2 浓度升高会增加土壤含水量的假设。但在叶面积指数较大的植物冠层中，叶边界层和空气动力学导度对 WUE 的影响比 CO_2 对气孔导度的影响更重要。基于自然生态系统的研究发现，虽然高 CO_2 浓度环境下不同生态系统类型的气孔导度下降幅度不一致，但是考虑空气动力学阻力对水汽扩散的影响，最终各个生态系统蒸发量的下降幅度并没有显著差别（图 6.4）。

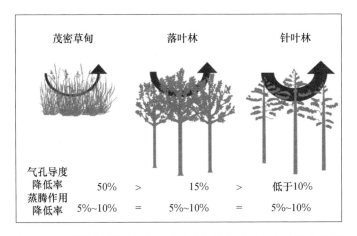

图 6.4　三种植被类型水分关系对 CO₂浓度升高响应的综合分析
(圆形箭头的粗细象征着树冠通风的程度)

(3)植物生物量

在过去的几十年里,二氧化碳和全球变化研究中心(Center for the Study of Carbon Dioxide and Global Change)的研究人员综合了数百项研究结果,发现 CO₂浓度升高能够促进植物的生长,显著提高不同植物群落类型的净初级生产力。

植物的根、茎、叶、株高均会随生境中 CO₂浓度的变化而变化。CO₂浓度升高普遍增加了植物向根系的物质分配,增加了细根的生物量。作为植物吸收水分和养分的重要器官,细根的增加会帮助植物获得额外的氮元素,有助于维持 CO₂的"施肥效应"。一般情况下,CO₂浓度升高会增加乔木的株高、胸径、分枝及叶片数量;草本植物在高 CO₂浓度下也会出现更多的分枝和分蘖。

大气 CO₂升高对不同植物生物量的促进作用存在差异。总体上看,木本植物对 CO₂浓度的响应比草本植物和农作物更敏感。基于全球 6 个 FACE 中 29 种植物多年连续观测结果的整合分析表明,CO₂升高导致植物地上生物量平均增加了 20%,其中乔木的生物量增加了 28%,豆类的生物量增加了 24%,C₃草本植物的生物量增加了 10%。

大气 CO₂升高对不同植物生物量的促进作用还会受到其他环境条件的影响。鉴于 CO₂有增温效果,高浓度 CO₂对植物生物量的影响常和增温一起讨论。一般认为 CO₂升高导致植物生物量增长会因气温的升高而增加,这是因为参与光合作用的 Rubisco 酶反应动力学和温度的显著相关性,因此光合作用对大气 CO₂升高的响应将随气温的升高而增强。模型拟合结果表明,陆地净生产力对 CO₂升高的正响应将随气温的升高而增加,且热带森林将比北方森林更加敏感。然而实验结果表明,CO₂升高引起植物生物量的增加幅度并不总是随着气温的升高而增大(图 6.5)。

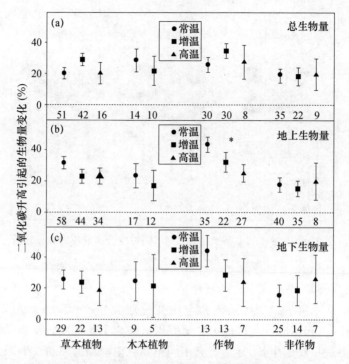

图 6.5　大气 CO_2 浓度升高和气温上升对不同类群植物生物量的影响(Wang et al.,2012)

(散点图下的数据代表统计的研究数量)

二、CO_2 浓度升高对土壤微生物的影响

微生物是土壤中的活跃组成部分,不仅参与土壤中的物质循环,在分解转化土壤有机质、营养物质方面起重要作用,同时还能维持土壤结构等。高浓度 CO_2 可通过影响植物生长和土壤环境双重机制影响土壤微生物。鉴于土壤中 CO_2 浓度是大气 CO_2 浓度的 10~50 倍,现在普遍认为大气 CO_2 升高对土壤微生物的影响是间接的,主要通过根系利用过量的碳水化合物来调节根系分泌物的组成和数量,从而影响根际微生物的活性。目前有关高 CO_2 浓度条件对微生物的研究越来越多,且主要集中在土壤微生物生物量、群落组成及土壤呼吸等方面。

(1)微生物生物量及群落组成

微生物生物量作为土壤活性营养成分主要来源,为植物生长发育供应大量能源物质。微生物生物量的大小一定程度上可显示出土壤肥力程度,影响着土壤有机质的转化、固定和矿化过程,反映土壤中生物活动强度以及土壤质量等。高 CO_2 浓度处理条件下,根际碳沉积量升高可为微生物生长繁殖供应更多营养物质,从而增强微生物生长活动,促使微生物生物量增加。研究发现,高浓度 CO_2 可导致根系微生物增加 2 倍,甚至更多。但不同微生物种类对高浓度 CO_2 的响应却存在差异。例如,FACE 中的研究发现短期高浓度 CO_2 处理对细菌数量有一定的影响,但对真菌数量影响不大。一项关于冷杉的研究发现,高浓度 CO_2 处理下的冷杉根际土壤细菌数量在 6 月、8 月和 10 月分别比对照组提高了 35%、164% 和 312%,但真菌和放线菌数量却没有变化。针对小麦的另一项研究则表明,小麦根际土壤真菌和细菌对高浓度 CO_2 的敏感程度较弱,放线菌对高浓度 CO_2 的敏感度最高。

利用现代分子生物学技术手段,研究者对 CO_2 浓度升高条件下土壤微生物多样性的变化进行大量研究。一些研究发现高 CO_2 浓度升高对土壤微生物(如反硝化细菌)群落结构的影响不大。在红松和大豆的相关研究则发现,高浓度 CO_2 会导致根际土壤出现新的微生物物种,同时伴随着原有微生物物种生物量减少或增加及部分原有微生物物种消失的现象,但主要建群种没有发生变化。

(2)土壤微生物呼吸

土壤呼吸包括土壤微生物呼吸、土壤无脊椎动物呼吸和植物根系呼吸这三个生物学过程。对所有植被而言,植物根系呼吸量占土壤呼吸总量约 24%,土壤微生物呼吸则占土壤呼吸总量的 76%。土壤微生物的呼吸作用强度是反映土壤物质代谢强度的重要指标之一,也是表征土壤肥力的敏感参数之一。微生物呼吸通过分解土壤有机质直接影响生态系统的碳平衡。

大气 CO_2 浓度升高对土壤微生物生理活动具有很大影响。有研究利用 FACE 系统对不同类型森林进行了 3 年观测后发现,大气 CO_2 浓度升高会导致微生物活性增强,提高土壤微生物呼吸速率。Zak 等(2000)整合了 47 项 CO_2 升高对土壤微生物影响的研究,发现在 CO_2 升高条件下,土壤呼吸均具有不同程度的增强。生长禾草、草本和木本植物的土壤其微生物呼吸强度分别增加约 20%、24% 和 13%,并且 0~15 cm 深度的土壤微生物活性随 CO_2 浓度的升高显著增加。这主要由于 CO_2 升高增加根际沉积、凋落物输入和地下部分的碳输入,为土壤微生物提供了更多可降解底物,促进了微生物的活性,进而增强了呼吸作用。CO_2 升高对土壤呼吸的正效应具有普遍性规律,但这种效应又受到生态系统类型、土壤水分、底物可利用性和实验手段等因素的调控。此外,土壤呼吸还受到土壤氮的影响,如果土壤碳储量增加,而氮供应不足,会抑制微生物呼吸。

大气 CO_2 浓度升高对土壤微生物呼吸的影响会对大气 CO_2 浓度产生正或负的反馈作用。一方面,CO_2 浓度升高引起微生物活性增加,提高微生物呼吸速率,将促进微生物分解更多来自植物的碳(如凋落物、根系分泌物);而且 CO_2 浓度升高可能会通过激发效应(priming effect)促进微生物对土壤易分解和难分解有机碳的分解,改变土壤碳的长期稳定性,从而使得更多的碳返回大气,对大气 CO_2 浓度形成正反馈作用。另一方面,CO_2 浓度升高也可能通过降低土壤中氮的有效性和植物凋落物的质量(如碳/氮比增加)来抑制土壤微生物的分解速率,从而减少土壤碳的流失形成负反馈作用。

三、CO_2浓度升高对生物多样性的影响

由于植物种群中不同个体的适应性不同，CO_2浓度升高易引起种群的消长变化。有学者研究了美国苋菜等7种植物三代种群数量在不同CO_2浓度下的变化，发现在短期CO_2浓度升高下，植物繁殖率上升，个体数量增加。但长期CO_2浓度升高下，植物正常生长发育规律受影响，几个世代之后，繁殖率下降，个体的数量和占有的空间反而减少，使得种群逐渐衰减，甚至灭亡。不同类型物种对CO_2浓度升高的反应差异明显，会引起植物种群组成比例和成分的变化。例如，在 C_3 和 C_4 植物混合生长的群落中，C_3 植物 CO_2 补偿点较高，CO_2浓度升高时光合速率提高，生长加快。C_4 植物 CO_2 补偿点较低，CO_2浓度升高对其光合速率和生长的促进较少甚至出现抑制。因此 C_3 植物往往具有竞争上的优势，从而可能使 C_4 植物逐渐消失和绝种，致使群落的组成发生变化。

土壤动物通过取食细菌和真菌以及将微生物繁殖体向新的底物传播来直接调节微生物的活动。生活在土壤和根际周围的线虫作为一种指示生物，在农田生态系统腐屑食物网中占有重要的地位。它们参与土壤有机质分解、植物营养矿化和养分循环作用，能够对环境变化等作出较迅速的响应，并通过根系分泌物和根系生产力等途径来影响整个土壤生态过程。通常随着大气中CO_2浓度的增加，土壤线虫丰富度和多样性有所降低，而食细菌线虫的优势度和比例有所增加。研究表明，CO_2浓度倍增使草地生态系统中食细菌线虫、捕食性线虫和杂食性线虫种群数量增高，而食真菌线虫种群数量下降。由于捕食性线虫和杂食性线虫数量的上升，可能会取食更多的食细菌性线虫，这种捕食作用又能显著地增强土壤养分周转率和呼吸作用。大气 CO_2 浓度升高能够降低森林生态系统中寄生线虫的数量，但会增加食细菌线虫的生物量，并降低捕食和杂食类线虫的数量（表 6.1）。

表 6.1　不同生态系统中的土壤线虫对 CO_2 浓度增高的响应（李琪 等，2002）

土壤线虫	生态系统	线虫数量变化	CO_2影响的显著性 P 值	CO_2浓度($\mu mol \cdot mol^{-1}$)	
				环境浓度	处理浓度
食细菌线虫	牧草	$+8.4$	$P<0.01$	350	700
食真菌线虫	牧草	-11.0	$P<0.01$	350	700
捕食性线虫	牧草	$+87.1$	$P<0.05$	350	700
杂食性线虫	牧草	$+90.6$	$P<0.05$	350	700
腐生线虫	棉田(6月)	$+8.6$	$P=0.08$	370	550
腐生线虫	棉田(8月)	$+26.1$	$P=0.09$	370	550
食细菌线虫	水稻	$+75.0$	$P=0.04$	350	550

四、CO_2浓度升高对生态系统物质循环的影响

由于高CO_2浓度影响了植物光合作用、生产力及氮素吸收等方面，因此生态系统物质循环也受到了不同程度的影响。陆地生态系统碳循环对大气CO_2浓度的响应与反馈主要取决于植物固碳和土壤碳截留过程。陆地植物的光合作用每年从大气中吸收约 123 Pg C，其中约一半的碳（约 60 Pg C）会通过自养呼吸返回到大气中。土壤贮存着大约 70% 的总陆地碳，其碳储量是植物碳储量的 2.5～3 倍。土壤对碳的截留能力也很大程度上决定了大气CO_2浓度的变化。一般来说，大气CO_2浓度升高对植物光合作用、产量及生产力有促进作用，即CO_2的"施肥效应"。然而，大气CO_2浓度升高导致"施肥效应"存在很大的不确定性，会受CO_2浓度、熏蒸处理时间、其他环境因素、植物生物量分配策略、营养级关系以及生态系统特征等因素的影响。

CO_2浓度升高显著增加植被"碳汇"功能，但其对土壤"碳汇"功能的影响还存在不一致的结果。CO_2浓度升高增加了植被对CO_2的固定，植物将会继续减缓气候变化，但前提是这些额外的碳进入到土壤或深海中被长期封存，而不是进入快速循环的碳库中（如植物凋落物或不稳定的土壤碳库）。相反，如果气候变化减少了全球范围内的植物净CO_2吸收（无论是通过直接影响碳通量，还是通过减少植被覆盖率），或者促进了土壤碳的释放，则会加速大气CO_2浓度的升高，导致全球变暖比目前预测的更快。

陆地生态系统氮循环对高CO_2浓度的响应涉及多个生态过程，包括植物氮吸收、土壤氮矿化、生态系统氮平衡以及氮利用效率。大气CO_2浓度升高促进植物生长，提高植物生物量，增加植物对氮的需求量，进而促进植物对氮的吸收。然而，植物叶片组织中的氮浓度则显著下降，其原因可能是生物量增加导致的稀释作用或者地下部分氮分配比例增加。据估算，在不受资源限制的情况下，大气CO_2浓度增加 300 ppm，植物光合作用速率将提高 60%，叶片氮浓度将下降 21%。植物的固碳量受冠层叶片中氮含量的制约，叶片组成中 50% 的氮与光合作用酶的活性有关。叶片氮浓度的降低会限制植物光合作用碳同化效率。环境中高CO_2浓度还能提高土壤酶活性，增加土壤有机氮的矿化作用、硝化和反硝化作用，进而加速土壤的氮转化，影响生态系统氮循环。有研究表明，大气CO_2浓度增加后，表层土壤微生物群落中参与氨化过程、同化性氮还原过程、反硝化过程、异化性氮还原过程、硝化过程以及固氮过程的微生物可能会随之增加。

大气CO_2浓度升高对陆地生态系统氮循环的影响主要是由生态系统碳输入增加引起的。因此，关于陆地生态系统氮循环响应CO_2浓度升高的讨论总是与碳循环联系在一起（图 6.6）。在所有的陆地生态系统中，碳和氮循环之间都存在很强的联系，这种现象被称为碳氮循环的耦合作用。陆地生态系统碳氮循环的耦合作用表现在植物冠层光合作用的碳固定过程，以及植物组织呼吸、土壤凋落物及有机质分解、地下部分根系周转与呼吸等主要碳释放过程（图 6.6）。具体碳氮耦合过程简要概况

如下：大气 CO_2 浓度升高对植物生长的促进作用，将增加其对氮的需求量；为提高氮的吸收效率，植物将更多的同化物输送到根系，进而增加根系的生物量，并降低地上地下生物量比；CO_2 浓度升高在促进植物生长的同时，还会增加地下部分生物量和凋落物，并降低土壤氮含量，改变土壤碳氮比；土壤碳氮比升高进而促进微生物活动，与微生物活动密切相关的土壤有机质分解、矿化作用、硝化作用、反硝化作用等土壤碳氮循环以及温室气体排放过程也随之增强。

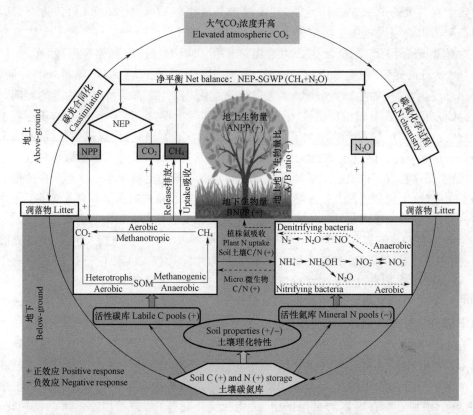

图 6.6　陆地生态系统碳氮循环过程对大气 CO_2 浓度升高的响应和反馈机制（刘树伟 等，2019）

注：NPP：净初级生产力；NEP：净生态系统生产力；SGWP：温室气体持续增温潜势；SOM：土壤有机质；Methanotrophic：甲烷氧化微生物；Methanogenic：产生甲烷微生物；Heterotrophs：异氧呼吸微生物；Nitrifying bacteria：硝化细菌；Denitrifying bacteria：反硝化细菌；Aerobic：好氧；Anaerobic：厌氧

　　大气 CO_2 浓度升高会改变气候系统和植物水分利用等有关过程，进而影响了陆地生态系统的水分平衡。英国水文气象学联合研究中心研究人员在《自然》杂志上发表报告说，过去一个多世纪，全球平均气温上升了 1 ℃ 左右。随着全球气候的变化，大气中 CO_2 含量逐渐增加。CO_2 含量增加会提高植物对土壤中水蒸气的利用率，使植物叶片气孔打开的时间缩短，减少了从空气中吸收的水分，从而导致更多的水进入河流。随着温室气体的进一步增加，内陆河流出现洪涝灾害的可能将有增无减，进而增加洪水发生的概率。相对于碳氮循环来说，大气 CO_2 浓度增加对陆地生态系统水循环的影响研究相对较少，很多机理仍在研究之中。想要全面了解陆地生态系统水循环对大气 CO_2 浓度升高的响应，必须将土壤—植物—大气连续体中土壤水分通量的详细测量纳入到现有的研究中。

复习思考题

1. 大气 CO_2 持续增加将会如何影响气候？

2. 生物圈固碳能在多大程度上缓解大气 CO_2 浓度的上升？

3. 大气 CO_2 浓度升高对植物光合作用的影响体现在哪些方面？

4. 陆地生态系统碳循环对大气 CO_2 浓度的反馈途径是什么？

5. 高浓度 CO_2 如何影响土壤呼吸？

6. 在草地生态系统中，CO_2 浓度升高对植物生长的刺激作用是否会导致植物可利用氮含量降低？可利用氮含量的变化是否会反作用于植物对 CO_2 浓度升高的响应？

主要参考文献

胡君利,林先贵,褚海燕,等.2006.土壤微生物对大气 CO_2 浓度升高的响应研究[J].土壤通报,37（3）:601-605.

李琪,王朋,2002.开放式空气 CO_2 浓度增高对土壤线虫影响的研究现状与展望[J].应用生态学报,13(10):1349-1351.

刘树伟,纪程,邹建文,2019.陆地生态系统碳氮过程对大气 CO_2 浓度升高的响应与反馈[J].南京农业大学学报,42(5):781-786.

Ainsworth E A,Long S P,2005. What have we learned from 15 years of free-air CO_2 enrichment (FACE) a meta-analytic review of the responses of photosynthesis,canopy properties and plant production to rising CO_2[J]. New Phytologist,165:351-372.

Farquhar G D,Caemmerer S,Berry J A,1980. A biochemical model of photosynthetic CO_2 assimilation in leaves of C_3 species[J]. Planta,149(1):78-90.

Feng Z Z,Rütting T,Pleijel H,et al,2015. Constraints to nitrogen acquisition of terrestrial plants under elevated CO_2[J]. Global Change Biology,21:3152-3168.

Graaff M A,vanGroenigen K J,Six J,et al,2006. Interactions between plant growth and soil nutrient cycling under elevated CO_2:a meta-analysis [J]. Global Change Biology,12:2077-2091.

NOAA,2018. Earth System Research. "ESRL Global Monitoring Division-Trends in Atmospheric Carbon Dioxide"[EB/OL]. www. esrl. noaa. gov. Retrieved 2018-11-26.

Terrer C, Vicca S, Stocker B D, et al, 2018. Ecosystem responses to elevated CO_2 governed by plant-soil interactions and the cost of nitrogen acquisition[J]. New Phytologist, 217: 507-522.

Wang D, Heckathorn Scott, Wang X, et al. , 2012. A meta-analysis of plant physiological and growth responses to temperature and elevated CO_2[J]. Oecologia, 169: 1-13

Yu H, He Z, Wang A, et al, 2018. Divergent responses of forest soil microbial communities under elevated CO_2 in different depths of upper soil layers [J]. Applied and Environmental Microbiology, 84: e01694-17

Zak D R, Pregitzer K S, King J S, et al, 2000. Elevated atmospheric CO_2, fine roots and the response of soil microorganisms: a review and hypothesis [J]. New Phytologist, 147: 201-222.

第七章　近地层 O_3 浓度升高及其生态效应

随着工业化和城市化的加剧,过度排放的碳氢化合物、氮氧化物(NO_x)以及挥发性有机化合物(VOCs)等一次污染物在太阳光下发生光化学反应,生成二次污染物臭氧(O_3)。O_3 污染在世界各地均不同程度地出现,已成为全球性的环境问题。我国现处于经济快速增长时期,O_3 前体物排放量的持续增加使得近地层 O_3 已成为现今中国大部分区域夏季的首要空气污染物。目前,O_3 已成为继细颗粒物($PM_{2.5}$)后困扰城市空气质量改善和达标的另一重要污染物。我国政府已在酸雨、NO_x 和 $PM_{2.5}$ 污染控制方面取得了一定成效,但由于对 O_3 形成及其大气过程的认识还不够充分,目前针对大气 O_3 污染控制的有效措施仍很有限。近地层 O_3 是具有植物毒性的气体污染物,具有强氧化性。高浓度 O_3 能够通过叶片气孔进入植物内,破坏植物的抗氧化系统并抑制植物的光合等生理过程,进而降低作物产量以及森林的固碳能力。近地层 O_3 也能通过对植物根系生长以及根系分泌物的影响,间接地影响土壤地下过程。最终,高浓度 O_3 能够影响整个生态系统的生物多样性。

第一节　近地层 O_3 的形成

自然界中的 O_3 主要存在于平流层和对流层。平流层 O_3 占到大气 O_3 的 90%,主要是分子氧(O_2)光解后产生的,其作用主要是吸收太阳辐射中的紫外线,保护地球上的生物免受紫外辐射的伤害,被称之为"好"O_3。而近地层 O_3 是大气光化学烟雾的主要成分,它的强氧化性能够危害植物的生长和人体的健康,被称之为"坏"O_3。

工业革命以前的几百年中全球近地层 O_3 一直维持着 10 ppb[①] 左右的低浓度水平,但随着工业化和城市化进程的加快,全球范围内近地层 O_3 浓度迅速上升。近地层 O_3 主要来源如图 7.1 所示,由两部分组成:①一部分是由平流层下渗传输而来,该过程与气候的长期变化有关;这部分只占约 10%,且主要发生在中、高海拔和早春。②绝大部分近地层 O_3 主要是由 NO_x、一氧化碳(CO)、甲烷(CH_4)和 VOCs 等一次污染物在太阳照射下进行光化学反应生成。这些前体物主要来自多样的人为源排放(如交通运输、化学溶剂及化石原料燃烧等)和自然源排放(如森林、湿地、土壤、海

---

① ppb:十亿分率(10^{-9}),下同。

洋、闪电和火山喷发等）。

依据前体物的不同，O_3 的形成主要通过两个过程同时进行：①NO_2 在强烈光照射下直接发生光解反应，释放出游离氧原子，不稳定的游离氧原子和空气中的 O_2 结合生成 O_3；②空气中的 O_2 光解产生的自由基可将 VOCs 等前体物氧化为过氧化物自由基、游离氧原子和羟基自由基，这些活性自由基进一步促进大气中 NO 向 NO_2 转化，从而提供 O_3 形成的 NO_2 源（Wang et al.，2017）。

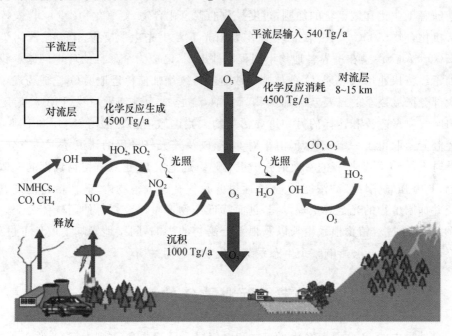

图 7.1　近地层 O_3 源-库示意图（The Royal Society，2008）

第二节　近地层 O_3 的时空变化

不同地区由于不同的污染源和成分以及不同的气象条件，O_3 污染的情况也不尽相同。近地层 O_3 浓度的峰值一般发生在温度高、辐射强和前体物浓度高的环境下，夏季 O_3 污染尤为严重。由于近地层 O_3 会在边界层沉积和发生化学反应，且具有长距离传输特性，造成全球 O_3 的分布因季节、地点和海拔的变化而不同。中国自改革开放以来，近地层 O_3 浓度上升显著，但幅员辽阔，复杂多变的下垫面及不同的人口、经济、气候条件也造就了近地层 O_3 浓度在中国独特的时空分布。

一、近地层 O_3 的时间变化特征

近地层 O_3 浓度的监测始于 18 世纪末 19 世纪初，资料显示当时近地层 O_3 日均

浓度约为 10 ppb。20 世纪中期,近地层 O₃ 浓度的长期监测研究才正式步入正轨,随着工业革命的快速发展,NO_x、CH_4 和 VOCs 等 O₃ 前体物的大量排放,近地层 O₃ 浓度在世界范围内不断升高。截至 21 世纪初,北半球中纬度地区近地层 O₃ 浓度年平均值已升高到 20～45 ppb。随着全球变暖、温度升高和热浪等极端天气的加剧,全球近四分之一的国家和地区夏季正面临近地层 O₃ 浓度高于 60 ppb 的威胁。

近地层 O₃ 是一种短寿命的痕量气体,其浓度与光照、O₃ 前体物的排放息息相关。因此,近地层 O₃ 浓度有着明显的年、季节和日变化。近地层 O₃ 浓度季节性循环的模式遵循季节性温度和太阳辐射的变化,即 O₃ 浓度峰值出现在春夏两季,秋冬季节 O₃ 浓度相对较低(图 7.2)。另外,近地层 O₃ 浓度还有明显的日变化特征,白天近地层 O₃ 浓度一般呈单峰型分布(图 7.2),夜间维持较低水平,主要是夜间光化学反应较弱。通常,太阳辐射、温度与 O₃ 小时平均浓度的日变化存在明显相关性。

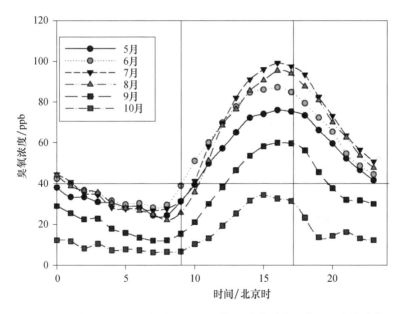

图 7.2　2015 年 5—10 月北京昌平地区环境 O₃ 浓度季节变化及日变化趋势图

二、近地层 O₃ 的空间变化特征

在全球尺度,近地层 O₃ 浓度在不同地域存在明显差异,主要有以下特点:①高浓度 O₃ 分布区域主要集中在北半球人口聚集的地区,其中,欧洲中南部、美国东部和亚洲东部 O₃ 污染最为严重(Cooper et al.,2014)。②O₃ 浓度的差异不仅归因于大尺度空间分布和纬度差异,O₃ 前体物排放量的区域差异也直接造成 O₃ 浓度在局部地区的差异。以美国东、西部为例，美国西部海岸线及西部农村地区近地层 O_3 浓度一直呈上升趋势，但美国东部夏季近地层 O_3 浓度已经开始下降。③大气化学进程对近地层 O_3 浓度的影响不仅限于区域间，在城乡之间也有显著影响，城市中产生的 O_3 通过气流输送等方式在城市周边的郊区可以形成高浓度污染气体沉降的环境。④除水平空间上的差异之外，近地层 O_3 浓度在垂直空间上也有一定的变化规律，例如在华盛顿西部，近地层 O_3 浓度每周均值在城市下风向的农村荒野地区具有较高值，且与海拔高度呈显著正相关性。随着清洁空气法和远程跨界空气污染公约等的实施，北美洲和欧洲等发达国家减少了 NO_x 和 VOCs 的排放，近地层 O_3 浓度峰值逐渐降低，但亚洲地区由于持续的快速工业化，造成 O_3 的前体物大量排放，O_3 浓度持续增加。

中国地处亚洲东部，太平洋西岸，背陆面海，地势西高东低，复杂多变。由于下垫面、气候因素和太阳辐射等因素的影响，与全球分布相似，近地层 O_3 浓度在中国也有着明显的空间分布特征。另外，我国处于经济快速增长时期，O_3 前体物排放量的持续增加使得近地层 O_3 污染问题愈加突出。随着中国城市空气质量监测数据的公开，近地层 O_3 浓度的空间分布特征被解析得更为精准。从 2015 年全国 1497 个空气质量监测站点数据分析结果来看，我国近地层 O_3 浓度年均值从南到北的地域差异依旧明显，4—9 月白天 12 h(8:00—20:00)O_3 浓度平均值超过 50 ppb 的区域主要集中在东北平原南部、华北平原、长江三角洲地区及中南部分地区，西南及西北等低纬度地区的 O_3 浓度相对较低。经济发展、人口密度及人为源 O_3 前体物排放的不同也间接影响了近地层 O_3 浓度在我国空间分布的差异。此外，由于城市风、山谷风的影响，污染也可扩散到非城市地区，进而使得郊区地区 O_3 浓度高于城市地区，尤其处于下风向的城郊、农村等地。另外，引起我国不同区域 O_3 污染的因素还包括：①VOC排放高的工业化地区，近地层 O_3 浓度较高；②在华北平原，降低 NO_x 的排放能够抑制 NO 和 O_3 之间的滴定反应，也会导致 O_3 浓度升高；③青藏高原等地区海拔较高，平流层 O_3 下渗，也导致了该地区 O_3 浓度较高。

第三节　近地层 O_3 的生态效应

近地层 O_3 具有强氧化性，可以对地球上的生命包括人类、动物、植物和微生物等产生明显危害。O_3 污染对生态系统产生一连串级联损伤：降低气孔导度、破坏抗氧化系统、增大细胞膜透性、引起叶片膜脂过氧化、改变光合色素含量和组成、降低光合作用速率、诱导植物叶片出现可见损伤症状、加速植株衰老、改变碳氮分配、抑制植物生长、降低根系活性及对养分的吸收能力、减少土壤微生物数量和多样性、影响温室气体排放，从而抑制生物量积累、影响作物产量和籽粒品质、降低生态系统碳汇能力，改变"大气－植物－土壤"生物地球化学循环和生态系统结构和功能(图 7.3)(冯兆忠 等,2021)。

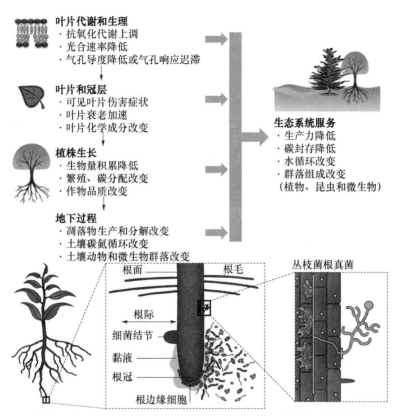

图 7.3　O_3 污染对植物地上部和地下部分的影响（冯兆忠 等，2021）

一、近地层 O_3 对植物的影响

（1）近地层 O_3 对植物影响的机制

自从 1958 年首次报道高浓度 O_3 引起美国加利福尼亚城市周边葡萄叶片出现坏死病斑（Richards et al.，1958），学者们采用了不同实验方法，探讨 O_3 对植物的影响。目前，关于 O_3 对植物影响的机理已经有深入的了解。叶片是 O_3 危害的直接部位，高浓度的 O_3 主要通过三步对植物造成损害：①暴露：植物暴露在高浓度的 O_3 环境中；②吸收：O_3 主要通过叶片气孔进入植物；③生物效应：O_3 进入气孔后，形成强氧化性的活性氧，进而破坏细胞结构，导致植物的生理代谢紊乱，破坏抗氧化系统，从而加速叶片衰老、叶绿素降解、影响气孔开闭、减弱光合作用并且抑制其生长，O_3 对植物的影响机制如图 7.4 所示。

由于不同的植物物种的气孔导度和抗氧化能力不同，因此不同物种对 O_3 的敏感性也不尽相同。近地层 O_3 污染可以引起物种组成、冠层结构改变，影响生态系统种群均匀度和丰富度,威胁生态系统多样性(图7.5Ⅰ和Ⅱ)。

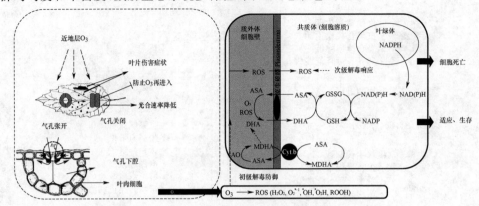

图 7.4　近地层 O₃ 对植物的影响机制(高峰,2018)

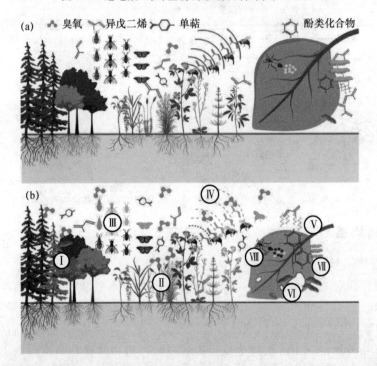

图 7.5　近地层 O₃ 对生态系统生物多样性影响(Agathokleous et al.,2020)
(Ⅰ)落叶阔叶树种比常绿阔叶树和针叶树种更敏感;
(Ⅱ)O₃能够减少植物种的丰富度并改变群落组成;(Ⅲ)O₃减少了森林生态系统中昆虫物种的丰度,
但并未降低物种的丰富度;(Ⅳ)O₃和OH与VOC反应,从而阻碍植物与传粉媒介的交流;
(Ⅴ)O₃抑制异戊二烯的排放,增加耐性和常绿树种的单萜排放,减小叶的大小,引起叶片过早成熟,
从而(Ⅵ)增加植物对昆虫和病原体的敏感性;(Ⅶ)O₃引起叶片中酚类化合物的积累,
抵御昆虫(从而降低昆虫的丰度),增加昆虫的死亡率,并抑制昆虫体重的增长;
(Ⅷ)O₃改变叶片的化学组分,从而阻碍了昆虫的产卵

（2）近地层 O₃ 对植物叶片的表观伤害症状

暴露在 O₃ 污染下的敏感性植物（如田间作物和绿化树木）通常会出现叶片可见伤害症状。典型的症状表现为叶片上表面的叶脉之间均匀地散布着形状、大小规则的细密点状缺绿斑；斑点通常呈黄/红褐色或棕色；叶脉和叶的下表面正常，无明显虫害和霉斑（图 7.6）。在田间条件下，可见叶片 O₃ 症状能够快速评估植物的 O₃ 伤害情况，并能快速识别高 O₃ 污染区域，这也是一种快速预测评估 O₃ 对植物损害的简便方法。植物叶片 O₃ 可见损伤已列入欧洲林业组织以及北美洲的一些森林健康监测项目中。观察植物 O₃ 叶片可见损伤已成为一种重要的研究方法来确定 O₃ 可能对植物有害的区域，评估不同物种对 O₃ 污染的敏感性，筛选指示植物，以及在不同地区进行 O₃ 风险评估研究。

图 7.6　典型的叶片 O₃ 伤害症状（Feng et al.，2014）

（1）臭椿 *Ailanthus altissima*，（2）葎叶蛇葡萄 *Ampelopsis humulifolia*，

（3）花曲柳 *Fraxinus rhynchophylla*，（4）白皮松 *Pinus bungeana*，（5）刺槐 *Robinia pseudoacacia*，

（6）木槿 *Hibiscus syriacus*，（7）刀豆 *Canavalia gladiata*，（8）豇豆 *Vigna unguiculata*，

（9）冬瓜 *Benincasa pruriens*，（10）丝瓜 *Luffa cylindrica*，

（11）西瓜 *Citrullus lanatus*，（12）葡萄 *Vitis vinifera*

与其他生物或非生物因素引起的症状作比较，阔叶植物 O₃ 可见伤害症状有如下特点：①中龄叶和老叶的 O₃ 症状比新叶严重，且症状首先在老叶出现（叶龄效应）；②叶片的阴影区域（如叶片重叠区域）通常不会出现 O₃ 伤害症状（阴影效应）；③叶组织通常不会出现 O₃ 可见伤害症状。可见伤害症状通常只出现在叶片上表面，一般表

现为细小的紫红色、黄色或黑色斑点,且有时会随着 O_3 胁迫时间延长出现变红或变古铜色等变色现象;④斑点化甚至是变色仅发生在叶脉之间的区域,而不影响叶脉;⑤受损叶片衰老得更快,凋落得更快(冯兆忠 等,2018)。

针叶植物的 O_3 可见症状出现在树冠上半部分以及树枝和针叶的上表面,有以下主要特点:①最常见的 O_3 症状是出现褪绿斑点。此症状表现为叶片出现大小相似的黄色或浅绿色区域,且绿色和黄色区域之间没有明显的边界,每束针叶之间受损程度存在差异;②褪绿斑点通常仅发生在叶龄在两年及以上的老叶,随着针叶生长时间递增其症状可能会更严重(叶龄效应);③与针叶阴影区域相比,处于光照下的针叶区域的褪绿斑点症状更明显;④相互紧簇的针叶能够形成一个光滑面,使得斑点更容易形成(冯兆忠 等,2018)。

(3)近地层 O_3 对植物光合作用的影响

O_3 能够抑制植物叶片的光合碳同化速率,并且不同植物的光合作用对 O_3 的响应有较大的差异,例如:与针叶树种相比,O_3 对落叶阔叶树种的光合速率危害更大,表明落叶阔叶树种对 O_3 的敏感性更大。

O_3 抑制植物光合作用的主要原因包括:① O_3 能够使植物的气孔导度降低,限制了 CO_2 进入植物叶内,减少了光合作用对 CO_2 的吸收,使光合速率受到影响。② O_3 破坏了光合作用的器官组织,也可以直接作用于叶绿体上,降低叶片中光合色素含量,使得光合能力下降。由于叶绿素是植物进行光合作用的主要色素,通常被认为是影响光合作用的重要因素之一。这也是 O_3 限制光合作用的主要非气孔因素。③ O_3 能够降低光合电子传递速率。④ O_3 能够降低植物光合过程相关酶的含量和活性,例如核酮糖-1,5-二磷酸羧化酶(Rubisco 酶),在光合作用的暗反应过程中,Rubisco 酶是限制固定 CO_2 羧化过程中的关键酶。但不同植物对 O_3 的响应特征不同,有些植物主要是由气孔因素主导限制光合速率的,而另一些植物是由非气孔因素主导限制的。

④近地层 O_3 对作物产量和森林生产力的影响

近地层 O_3 能够导致作物减产,主要由于近地层 O_3 显著降低叶片的光合作用,进而抑制整株作物的生长。O_3 污染主要集中在春夏季,与主要农作物(如水稻、小麦和夏玉米)的生长季重合。O_3 胁迫下作物籽粒灌浆物质来源不足,灌浆速率下降,从而使籽粒长、宽、厚和体积缩小,库容变小,最终导致籽粒不饱满,充实度降低。从生理性状看,小麦幼穗形成期受到 O_3 胁迫时,其功能叶组织受损、Rubisco 酶含量和活性降低、光合作用能力下降以及光合产物运转受阻,使得穗轴变短、花粉母细胞分裂受阻、花粉粒败育和结实小花数减少,这些成为作物减产的重要原因。不同作物类型对 O_3 胁迫的敏感性不同。此外,作物的 O_3 敏感性还受生育期的影响,不同生育期作物的 O_3 敏感性不同。同时,O_3 也会影响作物籽粒的品质,如 O_3 污染能够影响食用部位的蛋白质、氨基酸含量,淀粉、粗脂肪含量以及营养元素含量。O_3 改变作物品质的机制主要包括浓缩效应(即粮食总产量的下降幅度大于植物对养分的吸收)和早衰(即作物的生育期被提前,可促进营养物质向穗部转移,从而使其更容易在籽粒中沉积)。

与作物相似, O_3 对森林生态系统的影响也是通过光合作用、碳在源库中的运输和分配等过程。 O_3 导致树木生物量降低的原因为:首先, O_3 胁迫造成叶片气孔部分关闭,抵御 O_3 进入细胞的同时也降低了光合底物 CO_2 的摄入,从而引起光合速率降低,导致生物量减少。其次,进入植物体内的 O_3 会破坏叶肉细胞及光合作用系统,且植物在解毒修复过程中对碳的需求增大,从而减少了植物叶片同化物向其他营养器官的转移,导致非叶器官(茎和根)的碳固定下降。最后, O_3 胁迫还会加快老叶的衰老,将其储藏物质以补偿性方式转移供给新叶生长,进一步抑制了茎和侧枝的生长。不同的林木类型对 O_3 的敏感性不同,通常落叶树比常绿树对 O_3 更敏感,阔叶树比针叶树对 O_3 更敏感。

根系是植物重要的功能器官,它不但为植物吸收养分和水分、固定地上部分,而且通过呼吸和周转消耗光合产物,并向土壤输入有机质。根系生长是否正常,根系的生态功能是否正常发挥,这些因素直接影响植物的生长,关系着植物的水分利用和养分吸收及生态系统的物质循环。虽然高浓度 O_3 直接作用于植物叶片导致叶片的损伤并破坏光合作用,但植物本身存在一个自我修复机制,会利用更多的碳来修补叶片的损伤和维持光合作用,这样就会减少用于根系生长的碳,并降低根的碳分配,影响植物根系的延伸速率、根长、根系数量等。 O_3 污染对根的影响比对茎组织的影响更大,因此根冠比降低,根冠比的改变又会抑制土壤水分和营养的吸收,从而加剧 O_3 的负效应。 O_3 对于森林和半自然生态系统碳分配的影响应该是一个长期的过程,总体表现为降低植物的根冠比。

二、近地层 O_3 对动物的影响

由于近地层 O_3 对植物的直接影响, O_3 也会间接的影响植食性动物。昆虫作为森林生态系统最大的消费者,其取食导致的树木死亡和生物量损失会对森林固碳能力带来严重而深远的影响。环境变化会改变食叶昆虫的取食行为,进而对森林生态系统的碳收支情况产生复杂的影响。近地层 O_3 污染能够改变植物组织的化学组成,包括碳水化合物、酚类化合物含量等。由于昆虫行为和宿主植物化学组成的密切联系, O_3 能够通过影响植物的次生代谢过程改变植物叶片中的次生代谢物,进而改变植物叶片化学组成成分和化学通讯物质,并且也会改变植物叶片挥发性有机化合物(BVOCs)的释放,影响食草动物的食用,最终影响食草动物的多样性(图 7.5 Ⅲ～Ⅷ)。例如,酚类是植物中含量最高的次生代谢产物,能够抑制食草动物食用。因此 O_3 污染通过影响叶片酚类物质含量进而影响昆虫取食。

三、近地层 O_3 对土壤微生物的影响

近地层 O_3 对土壤微生物的影响主要通过影响植物的生理代谢、生物量积累和元素分配对土壤微生物生物量、酶活性以及微生物的群落结构及多样性产生间接影响。O_3 在进入土壤的过程中已经被植物和土壤过滤去除，很难直接影响土壤微生物。一方面，O_3 浓度升高抑制植物光合作用、降低总生物量和根冠比，减少植物凋落物和根系分泌物等输入土壤中供给微生物利用的底物资源，从而影响根际土壤微生物；另一方面，O_3 浓度升高会抑制根系活性及对养分的吸收能力，植物组分碳、氮、磷等元素含量及分配发生变化，影响微生物的分解效率，从而影响土壤微生物。研究人员发现，O_3 抵抗力（耐受性）不同的植物，其土壤中的微生物对 O_3 响应不同。

土壤微生物生物量的微小变化会对土壤养分循环和有效性产生影响。长时间 O_3 胁迫显著降低根际土壤微生物生物量碳，而对非根际土壤微生物则无显著影响，O_3 对根际土壤微生物的影响大于非根际土壤微生物。此外，O_3 胁迫对不同土壤微生物生物量的影响效果不同，如 O_3 胁迫对土壤细菌群落的抑制程度高于土壤真菌群落。O_3 胁迫对土壤微生物群落的影响也存在浓度或者剂量效应，如低浓度 O_3 刺激土壤中甲烷氧化菌的活性并增加其数量，但高浓度 O_3 则产生抑制效果，同时导致其群落结构产生分异。O_3 浓度升高也会影响土壤功能微生物，进而影响碳氮循环过程。有研究发现 O_3 胁迫降低森林土壤硝化微生物多样性而增加反硝化真菌多样性，并可能增加土壤 N_2O 的排放。O_3 胁迫降低了森林土壤真菌和细菌的多样性，且抑制效果存在物种间的差异。

复习思考题

1. 简述近地层 O_3 的主要来源有哪些。
2. 简述近地层 O_3 时空变化规律。
3. 简述近地层 O_3 对植物影响的机理。
4. 近地层 O_3 对植物的影响主要表现在哪些方面？
5. 论述近地层 O_3 对生态系统有哪些影响。

主要参考文献

冯兆忠，李品，袁相洋，等，2021. 中国地表臭氧污染及其生态环境效应[M]. 北京：高等教育出版社.

冯兆忠，彭金龙，Vicent Calatayud，等，2018. 中国植物臭氧可见症状的鉴定[M]. 北京：中国环境出版集团.

高峰,2018. 臭氧污染和干旱胁迫对杨树幼苗生长的影响机制研究[D]. 北京:中国科学院大学.

Agathokleous A,Feng Z Z,Oksanen E,et al,2020. Ozone affects plant,insect,and soil microbial communities:A threat to terrestrial ecosystems and biodiversity [J] . Science Advances,6: eabc1176.

Cooper O R,Parrish D D,Ziemke J,et al,2014. Global distribution and trends of tropospheric o-zone:An observation-based review[J]. Elementa Science of the Anthropocene,2:000029.

Feng Z Z,Sun J S,Wan W X,et al,2014. Evidence of widespread ozone-induced visible injury on plants in Beijing,China[J]. Environmental Pollution,193:296-301.

Richards B L,Middleton J T,Hewitt W B,1958. Air pollution with relation to agronomic crops. V. Oxidant stipple of grape[J]. Agronomy Journal,50:559-561.

The Royal Society,2008. Ground-level ozone in the 21st century:future trends,impacts and policy implications[R]. Science Policy Report 15/08. The Royal Society,London.

Wang T,Xue L K,Brimblecombe P,et al,2017. Ozone pollution in China:A review of concentra-tions,meteorological influences,chemical precursors,and effects[J]. Science of the Total Environ-ment,575:1582-1596.

第八章 酸沉降及其生态效应

大气酸沉降(acid deposition)是指大气中的酸性物质通过干沉降和湿沉降两种途径迁移到地表的过程。酸性湿沉降又称为酸性大气降水,包括雨、雪、雹、雾、霜、露等。酸雨(acid rain)是酸性湿沉降的最常见形式,是指大气中的酸性物质(如硫的氧化物和氮的氧化物)通过降水而降落到地面的过程,pH 低于 5.6 的降水被称为酸雨。酸性干沉降是指大气中的污染气体和颗粒物等酸性物质,在非降水时降落到地表的过程。在早期的研究中,人们几乎完全致力于湿沉降(即酸雨)的研究,但后来发现引起环境问题时,往往是干、湿沉降综合作用的结果。随着经济和工业的快速发展,大气污染的加重导致森林严重衰退、湖泊鱼类减少,使酸沉降成为全球关注的环境问题。

第一节 酸沉降的由来及其成因

1872 年英国化学家史密斯(R. A. Smith)在其《空气和雨:化学气象学的开端》一书中首先提出"酸雨"这一术语,指出降水的化学性质受燃烧的煤炭和有机物分解等因素的影响,同时也指出酸雨对植物和材料是有害的。20 世纪中期发生了著名的伦敦烟雾污染事件,举世震惊,人们开始认识到酸雨带来的危害,并逐渐关注其生态效应。

酸雨的形成是一种复杂的大气化学过程和大气物理过程的综合效应。酸雨中含有多种无机酸和有机酸,其中绝大部分是硫酸和硝酸,大多数情况下以硫酸为主。从污染源排放出的二氧化硫(SO_2)和氮氧化物(NO_x)是酸雨形成的主要起始物,其形成过程如下:

$$SO_2 + [O] \longrightarrow SO_3$$
$$SO_3 + H_2O \longrightarrow H_2SO_4$$
$$SO_2 + H_2O \longrightarrow H_2SO_3$$
$$NO + [O] \longrightarrow NO_2$$
$$2NO_2 + H_2O \longrightarrow HNO_3 + HNO_2$$

式中:[O]——各种氧化剂。

大气中的 SO_2 和 NO_x 经氧化后溶于水形成硫酸、亚硝酸和硝酸,这是造成大气降水 pH 降低的主要原因。另外,还有许多气态和固态物质进入大气后对降水 pH 也会产生影响。大气颗粒物中的金属铁、铜、锰、钒等是酸性气体氧化成酸的催化剂,SO_2 被空气中的固体粒子吸附和催化,极易形成硫酸酸雾。大气光化学反应生成的 O_3 和 H_2O_2 等又是 SO_2 氧化的氧化剂,这些都加速了酸雨的形成。

直接引起酸雨的污染源主要分人为排放和天然排放。全球范围释放到大气中的 SO_2 大部分是人为排放的,其中化石燃料燃烧约占人为硫排放量的 85%,矿石冶炼和石油精炼分别占 11% 和 4%。NO_x 的人为排放源主要集中在北半球的人口聚居区,交通运输的排放在很大程度上取决于机动车的排放,如欧盟机动车的 NO_x 排放量约占人为排放总量的 50%,发电厂占 25%~33%。对于大量使用氮肥的瑞典来说,人为 NO_x 排放量的 30%~40% 都来源于农业生产。

20 世纪时,我国大多数地区以燃煤作为主要能源,因此大气 SO_2 污染比 NO_x 严重,导致我国大多数地区的酸雨是硫酸型的,且主要来自 SO_2 和 SO_3 的云下洗脱。进入 21 世纪之后,我国大气环境表现出由燃煤型向燃油型转变的趋势,大部分地区由于 SO_2 排放减少使酸雨污染出现好转,但石油的逐年增加导致 NO_x 对酸雨的贡献在逐步增加,机动车排放对酸雨污染的贡献已不容忽视。虽然当前我国大部分地区酸雨的化学组成仍属硫酸型,但正在向硫酸-硝酸混合型转变。欧洲和北美地区因能源利用早在 20 世纪已由煤炭为主转换为石油为主,其酸性降水早已由"硫酸型"转换为"硫酸-硝酸混合型",H_2SO_4 和 HNO_3 的贡献达 90%,两者之比约为 2:1(冯宗伟,2000)。

酸雨的形成不仅取决于降水中酸性离子的浓度,而且也与碱性离子的浓度有关。对我国南方酸雨区和北方酸雨区降水中主要离子浓度的比较发现,北方城市降水 SO_4^{2-} 和 NO_3^- 年平均浓度之和达 241.5 $\mu g/L$,而南方酸雨区仅为 145.1 $\mu g/L$;但由于中国长江以南土壤呈酸性,来自土壤的大气颗粒物对酸的缓冲能力小,因此南方出现了区域性严重酸雨。北方虽然降水中 SO_4^{2-} 和 NO_3^- 浓度较高,但北方土壤呈碱性、含钙高,导致大气颗粒物的碱性物质 Ca^{2+} 和 NH_4^+ 含量大,中和了大气和降水中的酸性物质,使降水的酸度低于中国南方地区(孟紫强,2019)。

此外,酸性污染物的区域输送也造成了区域酸雨的加重。比如,海南北部地区引起酸雨形成的致酸物多属远距离输送所致,其主要来源于华南地区,部分来源于越南;表明海南的酸雨污染不仅与气象条件有关,而且与地形地貌也有关系。对于沿海酸雨较重的地区如青岛市,除了工业发展排放大量的致酸物质之外,海洋上天然排放的 $(CH_3)_2S$ 也是形成酸雨的主要原因。高温高湿也有利于 SO_2 和 NO_2 向 SO_4^{2-} 和 NO_3^- 的转化,故有利于南方酸雨的形成等。

第二节　酸沉降的时空变化

随着中国经济的发展和对化石燃料消耗的急剧增加,大气酸沉降问题日益严重。为了遏制大气酸沉降并改善大气环境,国家在"十一五"期间实现了 SO_2 排放总量消减 10% 以上的目标,但是氮氧化物排放量仍持续增长。从 1980 年到 2014 年,全国平均降水 pH 由 4.59 上升到 4.70,其中年平均 SO_4^{2-} 沉降量由 40.54 减少到 34.87 kg S·hm^{-2}·a^{-1},但是 NO_3^- 沉降量则由 4.44 上升到 7.73 kg N·hm^{-2}·a^{-1}。同时酸沉降的空间格局发生改变,酸雨面积由 20 世纪 90 年代的 22.53% 增加到 21 世纪 10 年代的 30.45%。酸性降水地区的扩张主要发生在西北、东北和华北等地,而酸沉降严重地区则由中国西南部移动到东南沿海地区(Yu et al.,2017)。

酸雨的地理分布与大气污染密切相关,目前全球有三大酸雨区:西欧、北美和东南亚,其中东南亚酸雨区以中国为主,覆盖四川、贵州、广东、广西、湖南、湖北、江西、浙江、江苏等省(区、市)和青岛等市的部分地区,面积超过 2×10^6 km^2。其中,贵州、湖南、江西、广西、广东等省(区)的局部酸雨 pH<4.5。

第三节 酸沉降的生态效应

目前,人类活动干扰下的大气酸沉降对生态环境造成多方面的影响,对水体生态系统、陆生生态系统、建筑物和材料以及人体健康等都会造成直接或间接的危害,已经成为全球性的环境问题。另外,由于化石燃料的燃烧、含氮化肥的大量使用导致大气中含氮化合物日益增加,大气氮沉降的持续增加最终会导致生态系统氮饱和(nitrogen saturation),即氮的输入超过了生物对氮素的需求,从而导致生态系统结构和功能变化,降低生态系统生产力和生物多样性,并影响系统的健康发展(Liu et al.,2013)。因此,氮沉降也成为全球变化研究中最热点的问题之一。下面我们将分别从酸沉降(主要是酸雨)和大气氮沉降两个方面介绍其生态效应(图 8.1)。

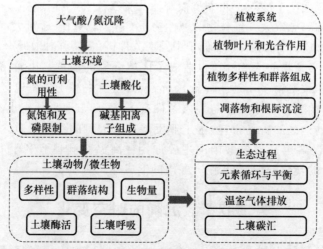

图 8.1 陆地生态系统大气酸/氮沉降生态效应示意图(付伟 等,2020)

大气中常见的酸性气体污染物是 SO_2 和 NO_x，它们可以借助空气运动从产生和发散地出发进行远距离传播，与大气中的水结合或吸附在大气颗粒物表面，飞越海洋、跨过国界，在距它们的污染源几千米甚至更远距离的地方产生沉降，从而使得酸沉降成为一个全球现象。酸沉降不仅影响陆地生态系统，也对水生生态系统造成危害。例如，在 20 世纪早中期，美国北部工业排放的 SO_2 随风扩散到加拿大，在加拿大南部形成酸沉降，导致加拿大安大略南部的所有湖泊均受到酸沉降的危害，其中 56％的湖泊出现鱼类种群减少，24％的湖泊鱼类完全消失。酸沉降对陆地生态系统的影响也是多方面的，如生物多样性丧失、复杂性降低，森林生态系统建群或群落物种消亡或更替，甚至发生逆向演替。下面主要从植物、土壤、土壤动物和土壤微生物等方面进行论述。

一、酸沉降对植物的影响

在森林生态系统中，酸沉降使森林植株对病虫害的易感性增加、叶片萎缩变形、干枯、坏死和脱落，进而导致生长缓慢甚至凋谢。现在世界上有 1/4 的森林不同程度地受到酸沉降的侵袭，每年价值数百万美元的林木被毁坏。酸沉降还能破坏农作物，使植物叶绿素含量降低、光合作用受阻，进而导致作物产量下降。酸雨对禾谷类作物的影响以稻谷最明显，大麦、小麦次之。

酸沉降对植物的影响可以分为直接影响和间接影响：直接影响表现为酸沉降能伤害叶片表层结构（如角质层和气孔等）和细胞膜结构，影响细胞对物质的选择性吸收，干扰植物正常的代谢过程（如光合、呼吸和水分利用），影响繁殖过程（如花粉的萌发和花粉管的形成，种子的形成和萌发），引发植被衰退。植物解剖学研究发现，酸雨可破坏叶片的气孔结构，从而影响气体交换。酸雨可引起农作物叶片上保卫细胞收缩及气孔的持久开放。气孔的持久开放虽可增加 CO_2 的吸收而有利于光合作用，但也会增加酸雨、臭氧和其他有害气体的吸收，以及病原体入侵，并增大水分的散失，使植物遭受更严重的伤害，最终导致光合作用减弱，使植物的生长发育受到严重影响。

除了上述直接伤害外，酸沉降还会通过土壤酸化及由此引起的一系列环境效应对植物产生间接影响。酸雨对野外生态系统的影响是综合性的，包括对生物因子和非生物因子（如土壤环境）的影响，在这种受损生态系统中的植物叶片萎缩变形，叶绿素含量降低，光合作用受阻。

然而，在模拟酸雨试验条件下，由于模拟酸雨所用化合物种类和用量以及模拟持续时间等因子的不同，也会获得与野外调查不同的结果。例如，采用硫酸根和硝酸根摩尔比为 8：1 的模拟酸雨对杉木、马尾松、水杉、擦木、火力楠、青冈和油茶的喷洒，结果表明，随酸雨 pH 值的下降，上述 7 种树木的叶绿素含量增加。模拟酸雨对菜豆净光合速率与呼吸速率的影响研究表明（表 8.1），随着酸雨酸度的增加，光合速率和呼吸速率都相应增加,呈现一种"小剂量刺激效应"。

表 8.1　模拟酸雨对菜豆净光合速率与呼吸速率的影响(王焕校,2002)

组别	鲜组织叶绿素含量均值/$[mg \cdot (mg \cdot h)^{-1}]$	鲜组织呼吸速率均值/$[mL(O_2) \cdot (g \cdot h)^{-1}]$	叶绿素光合速率均值/$[mL(O_2) \cdot (g \cdot h)^{-1}]$
对照	1.96	445	230
pH 3.5	1.87	438	467
pH 3.0	2.02	495	544
pH 2.5	1.86	498	676
pH 2.0	1.24	529	860

二、酸沉降对动物的影响

土壤动物的作用是使土壤有机物无机化,这是植物与土壤进行物质循环的重要环节。酸沉降可直接伤害土壤动物,甚至引起死亡。土壤动物摄取酸性沉降物会使其生长缓慢、繁殖受阻、种群数量减少、群落结构变化,尤其是线虫、蜓蚓类等特别易受影响。土壤动物的衰退,会导致土壤有机物无机化过程减缓,使土壤表面枯枝落叶等有机物堆积层增加,生成更多有机酸,进一步加速土壤酸化。一般来说,酸沉降对动物幼体的影响较大。

此外,酸沉降对昆虫种群的影响具有正负双重作用,由于生活方式和植食性等差异,不同昆虫对酸沉降的响应不同,即使同一昆虫也会因污染程度不同而呈现差异。酸雨的直接暴露,可使一些昆虫的发育速率、个体大小、存活率、产卵量及飞翔能力等下降,如豌豆蚜的生长速率和草原上蝗虫的种群数量会受到高浓度 SO_2 的抑制作用。而有些昆虫(叶甲、粉纹夜蛾等)在一定酸雨条件下,起初表现为生长延缓、死亡率提高,但一段时间后就恢复正常,表明随时间延长,这些昆虫对酸雨胁迫的适应性和耐受能力增强。还有些昆虫在酸雨的作用下反而会引起暴发,如用 SO_2 熏气处理过的油菜桃蚜,其生长速率和繁殖力明显提高;甜菜蚜取食 NO_2 熏蒸过的蚕豆叶,其生长速率加快。酸沉降还会引起次期性害虫(如钻蛀性害虫等)的发生,并加重病原线虫、蜡类、真菌、细菌、病毒对植物的危害。

酸沉降对寄生昆虫种群数量的影响可以改变寄主植物体内营养物质的浓度、昆虫天敌的种群密度等。一般来说,腐食性、捕食性昆虫较植食性昆虫对 SO_2 和 NO 敏感。由于食物链中不同昆虫群落对酸沉降的响应差异,昆虫的群落结构发生了改变。所以,酸沉降不仅可以直接影响昆虫的生长速率、传播和生育力,而且可以通过对寄主植物的影响,进而间接影响植食性昆虫。

三、酸沉降对土壤的影响

酸沉降可使土壤矿物质中的有害重金属转化为可溶形式而渗入水体,使多种水生生物生长减慢甚至死亡。例如,在 pH 为 5.6 时,土壤中的铝很稳定,不会溶解,但当 pH 为 4.6 时,铝的溶解度增加约 1000 倍。这些土壤有毒金属通过酸雨作用,由不溶性转化为可溶性以后,提高了这些金属的生物可利用率且可以流入水体。在许多酸雨污染的地区,其地下水中许多有害金属离子的浓度比正常背景值高 10～100 倍。人和动物饮用了有毒金属污染的水就可能对健康造成损害。这些流入水体中的有毒物质,被植物吸收后进入食物链,造成食物中有毒金属含量增加,从而危害人体和动物的健康。

土壤酸化还会影响土壤肥力。酸雨渗入土壤中,导致土壤酸度增大、土壤矿物质的风化加速,使氮、磷、钙、镁、钾等植物重要营养盐类流失,土壤生产力下降。由于大部分氢离子与存在于土壤颗粒中的碱性阳离子交换,使其他阳离子溶解到土壤溶液中而流失。碱性阳离子的流失会导致土壤 pH 急剧下降。酸雨对土壤的影响程度取决于土壤类型和理化性质,如土壤有机质和土壤矿物提供的总缓冲能力或阳离子交换量的数量、土壤盐基饱和度、土壤剖面中碳酸盐等。

四、酸沉降对土壤微生物的影响

目前叶际微生物的研究尚属于早期阶段,因此酸沉降对微生物的影响主要集中在土壤微生物方面。酸沉降对土壤微生物的影响主要是由于土壤酸化,进而影响微生物群落结构和种群数量,并严重影响微生物的活动和营养元素在土壤—植物体系中的循环。例如,每年用模拟酸雨(硫酸 150 kg·hm^{-2})处理针叶林土壤,6 年后腐殖质层 pH 由 4.6 降至 4.1,真菌生物量与细菌生物量之比由原来的 3:1 变为 13:1。不同酸雨的 pH 能使土壤中细菌、放线菌和真菌的比例发生不同的变化,微生物总生物量随模拟酸雨 pH 的降低而减少。

第四节 氮沉降的生态效应

作为营养源和酸源,大气氮沉降急剧增加会威胁生态系统的健康和安全,对森林、草地和农田等陆地生态系统以及湖泊和海洋等水域生态系统造成影响。大气氮沉降的负面效应主要有:土壤酸化、养分流失,水体污染并富营养化,改变生态系统元素计量化学,降低生物多样性并改变物种组成,降低生态系统生产力并削弱生态系统稳定性,加剧温室气体排放等。此外,氮沉降还会与其他全球变化驱动因子(如 CO_2 浓度升高、全球变暖、O_3 浓度增加等)耦合,并引发一系列的连锁效应(cascade effect),相关的生态后果还有待于未来深入研究。下面主要从植物、土壤、土壤动物和微生物等方面进行论述。

一、氮沉降对植物的影响

植物叶片中一半以上的氮用于光合作用,因此光合作用受到氮有效性的影响是很强烈的。氮沉降对植物光合作用影响主要是通过改变叶片中与光合作用相关酶的浓度和活性。研究发现,氮输入量对植物光合作用的影响存在"阈值效应"。在一定的范围内,氮沉降增加能够增加核酮糖-1,5-二磷酸羧化酶(Rubisco)的浓度和活性及叶绿素含量,从而增加了叶片光合速率。氮沉降除了增加叶片氮含量以提高叶片光合速率外,还能通过增加植物叶片面积及叶片数,进而增强植物对光的竞争力,间接提高植物的光合能力。

过多大气氮沉降输入,将导致植物体内氮的积累,植物的叶氮浓度明显增加,进而改变植物氮代谢进程、打破体内元素平衡,导致植物光合速率下降。将1年生的日本柳杉($Cryptomeria\ japonica$)和日本赤松($Pinus\ densiflora$)幼苗置于不同氮处理水平的土壤中进行为期2个生长季节的试验,发现日本赤松在高氮处理(300 kg N·hm^{-2}·a^{-1})下,净光合速率比对照组显著下降,其原因是叶片 Rubisco 的浓度和活性降低导致光合作用中羧化反应受阻(表8.2)。研究还观察到植物叶片蛋白质、Rubisco 浓度降低与 N/P、Mn/Mg 存在显著的正相关关系,因为高氮输入使叶片中的 P、Mg 浓度降低,N、Mn 浓度升高,导致叶片中 N/P 和 Mn/Mg 比例失衡,因此营养失衡是导致光合作用下降的另一个原因。此外,氮沉降抑制光合作用还有其他解释,如氮沉降导致植物自遮蔽(Self-shading)。

表8.2 模拟氮添加对日本柳杉和日本赤松幼苗净光合速率、羧化速率、叶片叶绿素含量的影响。数值为平均值(±标准差),$n=5$,不同字母表示差异显著,$P<0.05$(Nakaji et al.,2001)

			N0	N25	N50	N100	N300
日本柳杉	净光合速率	($\mu mol·m^{-2}·s^{-1}$)	3.37±0.18 c	4.69±0.23[ab]	5.37±0.72 [a]	4.98±0.91[ab]	4.50±0.68[bc]
	羧化速率	($mmol·m^{-2}·s^{-1}$)	21.7±2.5[b]	29.8±8.7[ab]	37.0±4.4[a]	31.3±10.2[ab]	27.2±6.6[b]
	叶绿素	($\mu mol·m^{-2}$)	232±30	268±93	280±49	263±89	253±51
日本赤松	净光合速率	($\mu mol·m^{-2}·s^{-1}$)	3.75±0.10[a]	3.84±0.25[a]	3.59±0.74[a]	3.16±1.24[a]	1.60±0.58[b]
	羧化反应	($mmol·m^{-2}·s^{-1}$)	26.0±4.2[a]	26.2±2.8[a]	24.8±12.9[a]	21.3±10.5[a]	7.0±1.1[b]
	叶绿素	($\mu mol·m^{-2}$)	194±22[a]	196±8[a]	194±25[a]	151±21[ab]	126±21[b]

氮沉降增加植物可利用氮,通常能够促进植物生长,在总体上提高生态系统初

级生产力。全球范围来说,除了荒漠生态系统,温带和热带的森林与草原生态系统,以及湿地和苔原生态系统的地上净初级生产力均对氮添加表现出积极响应,但是这种效应也有很强的环境依赖性,如气候因子、土壤肥力、植物群落组成及物种间相互作用,以及特定物种的营养特性等,会在很大程度上影响生态系统响应的性质和程度。

二、氮沉降对植物多样性的影响

大气氮沉降还可以显著改变陆地植被系统的生物多样性。在过去半个多世纪以来大气氮沉降的持续作用下,植物群落组成已发生显著改变。究其原因,一方面是因为活性氮化合物在生态系统中的积累改变了物种间的相互作用关系,例如环境中氮的富集将引起特定物种在群落中的快速生长,从而获得相对的竞争优势;另一方面氮沉降还可能会引起植物群落功能稳定性的降低,例如,氮的富集使物种摆脱了氮限制的同时,也使物种对其他限制性资源(如 P,K 等)的波动更为敏感。总体上,植物群落对大气氮沉降的响应具有明显的环境依赖性,大气氮沉降对植物群落影响的严重程度主要取决于三个方面:①氮沉降速率、持续时间和氮素的输入形式;②不同植物物种对氮素的内在敏感性;③生态系统的非生物环境条件(如气候条件和土壤肥力特征等)。

现阶段,大多数氮沉降对森林生态系统的影响研究集中于林下植被,但研究的结果却不尽相同。例如,有研究表明,长期施氮导致温带森林和热带雨林中物种的丢失,但多数研究显示氮素对林下植物多样性总体并没有显著影响,而仅导致了物种群落组成发生变化(鲁显楷 等,2019)。此外,不同功能群的维管植物对氮素添加的响应也有所不同,如生长快速的草本植物的物种丰富度增加,而生长缓慢的矮灌木的物种丰富度降低。这种响应的不一致性是由多种因素引起的,如植物类群、生态系统背景的土壤含氮量及实验的持续时间等。

对于草地生态系统来说,其土壤养分相对贫乏,历史氮沉降量比较低,加上放牧和割草等人类活动的影响,导致草地生态系统对大气氮沉降的响应比较敏感。基于英国草原的研究表明,长期低剂量的大气氮沉降显著降低了植物物种的丰富度,且物种丰富度的下降是无机氮沉降速率的线性函数(图 8.2)。这一发现与北美高草草原的长期研究结果一致,即长期慢性低剂量氮添加($10 \text{ kg N} \cdot \text{hm}^{-2} \cdot \text{a}^{-1}$)处理下的物种数量比对照组($6 \text{ kg N} \cdot \text{hm}^{-2} \cdot \text{a}^{-1}$)减少了 17%。我国北方温带草原的研究发现,植被物种丰富度在低频率、高剂量氮添加时下降更快,说明大气氮沉降模拟实验中不同氮添加方式对实验结果的影响不同。草地植物多样性对大气氮沉降响应的机理研究有不同的解释:①通过排除土壤酸化和磷的影响,可将植被多样性的响应归因于氮输入的富营养化效应;②土壤酸化作用活化的潜在有毒金属离子(如锰离子),可能是氮沉降导致草原植物多样性下降的重要原因。

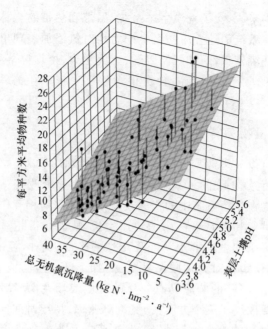

图 8.2　英国 68 个草原生态系统中植物多样性与氮沉降及
土壤 pH 的关系(Stevens et al. ,2004)

　　物种多样性和氮素有效性呈负相关关系,而且不同生态系统和不同物种都会有自己独特的响应机制。例如,适应低氮环境生长的物种对土壤有效氮的敏感性相对低于适应高氮环境生长的物种,豆科植物的丰富度和盖度往往随着氮素有效性的增加而下降。一年生物种的盖度会随着氮素添加水平的增加而上升,但是多年生物种的盖度反而被抑制。同时,不同群落或物种对氮素响应程度的差异很大。通过大样本的数据分析发现,在北美的草本生态系统中,添加氮素能够使得地上部生产力平均增加 50%,而物种多样性平均下降 30%。但是,由于群落内部或者群落之间的差异,导致生产力和物种多样性的变幅分别在 10%~125% 和 8%~65% 范围内。同样的生态系统在不同的生长环境中也会有不同的响应,例如,在荷兰的钙质土壤草原生态系统其物种数随着氮素的添加显著下降,但是英国的草原生态系统物种数对相同的氮素添加实验却保持不变。

三、氮沉降对土壤的影响

　　铵态氮(NH_4^+-N)和硝态氮(NO_3^--N)的沉降都能导致各种环境中的土壤发生酸化。土壤酸化涉及了包括植被、土壤溶液和土壤矿物在内的氮迁移过程。大气的 NH_4^+-N 沉降比 NO_3^--N 沉降更能促进土壤酸化,因为在硝化过程中,1 mol NH_4^+ 被转化为 NO_3^- 时可产生 2 mol H^+。实验表明,NH_4^+-N 的硝化和过剩的 NO_3^--N

的淋失是主要的酸化机制。土壤中 NO_3^--N 的淋溶随着氮沉降的增加而增加;不论是由于硝化引起的,还是由于 NO_3^--N 的加入引起的 NO_3^--N 的淋溶,都具有强烈的酸化作用;在氮饱和的生态系统中,氮沉降的适当增加,将导致 NO_3^--N 淋溶的增加和土壤酸度的提高。

此外,氮输入增加可以改变土壤氮素转化过程,包括氮的矿化、硝化和氮固持。大部分研究表明,土壤氮的矿化速率在土壤氮饱和之前会随着氮输入量的增加而增加。如在草原生态系统的研究中发现,氮添加普遍促进了土壤氮矿化速率,原因是①施入的无机氮被微生物固定,从而促进了原来有机氮的矿化和释放;②草地土壤氮的有效性较低时,氮素添加可明显提高土壤供氮能力,从而显著提高草地生长季土壤矿质氮的含量以及净氮矿化速率。但是在土壤 C/N 较低(即含氮量较高)的高寒草甸,氮添加则对土壤氮矿化的影响不显著。在森林生态系统中,氮添加对我国温带和北方森林土壤氮的矿化和硝化过程也通常表现为促进或无影响。同时,陆地生态系统活性氮含量的剧增也可能会增强硝化作用和反硝化作用,进而加剧土壤 N_2O 排放。例如,向地球表面输入 1000 kg 自然或者人为来源的活性氮,就可产生 $10\sim50$ kg 的 N_2O 气体。

四、氮沉降对土壤动物的影响

氮沉降的持续增加会对土壤动物的生物量、多样性和组成产生影响,但影响程度主要取决于施氮量和林型。首先,施氮量可能存在阈值效应。鼎湖山森林苗圃地的研究表明,氮沉降对土壤动物群落多样性的影响存在阈值效应(100 kg $N \cdot hm^{-2} \cdot a^{-1}$)。在北亚热带杨树人工林进行 2 年氮添加的试验表明,中等浓度($100\sim150$ kg $N \cdot hm^{-2} \cdot a^{-1}$)的氮添加对土壤动物群落有促进作用,高浓度($300$ kg $N \cdot hm^{-2} \cdot a^{-1}$)则有抑制作用;氮添加 4 年后,低氮和高氮处理分别显著增加和降低了土壤动物总密度和植食性土壤动物密度。其次,不同林型对氮沉降响应可能不同。南亚热带成熟林土壤动物密度、类群数等多样性指数随氮输入增加而降低,针叶林则相反,而针阔混交林则无明显响应。氮添加对亚热带人工林土壤线虫影响不显著,但增加了温带针叶林土壤动物(跳虫和螨虫)的丰度。

此外,不同类型的土壤动物对氮沉降的响应也可能不一致。温带人工林落叶松和水曲柳(*Fraxinus mandshurica*)的研究表明,施肥改变了两林分不同食性土壤动物的密度,导致腐食性土壤动物数量降低,植食性土壤动物数量增加,但捕食性土壤动物数量变化不明显。此外,也有研究表明氮添加对植食性线虫密度无显著影响,但可以改变外来生物(如蚯蚓)和植食性线虫之间的相互关系,从而潜在影响生态系统的功能。

五、氮沉降对土壤微生物的影响

土壤微生物的生长及活性、物种群落结构、多样性和呼吸作用等对大气氮沉降的响应会对全球碳、氮、磷循环及气候变化产生深刻的影响,因而土壤微生物也成为氮沉降生态效应研究领域的重点关注对象。

氮沉降可以通过改变土壤环境条件(如氮的有效性、土壤酸化、碱基阳离子组成等)直接影响土壤微生物多样性,也可以通过地上植被的生理和生态响应间接作用于土壤微生物。基于 151 个已发表结果进行的整合分析显示,氮沉降降低土壤微生物生物量和呼吸,而且这种负面影响与施氮量和持续的时间有关(Zhang et al.,2018)。氮沉降抑制土壤微生物的原因是:①氮沉降带来的离子影响了土壤溶液的渗透势,使微生物中毒,从而直接限制微生物的生长;②氮饱和降低土壤 pH 值,导致 Mg^{2+}、Ca^{2+} 的流失和 Al^{3+} 的溶出,使得微生物生长受 Mg^{2+}、Ca^{2+} 限制或者 Al^{3+} 中毒;③氮沉降直接影响微生物酶的活性,特别是影响木质素溶解酶和纤维素降解酶的活性。有研究发现施氮使纤维素降解酶活性降低,但也有研究显示氮输入抑制木质素酶的活性却促进纤维素酶的活性,这两种酶的不同响应结果取决于有机物的化学组分(如木质素与纤维素的比例);④氮沉降加剧土壤微生物碳限制。首先,氮沉降减少了细根和真菌向土壤输入的碳;其次,氮输入使含氮化合物能与含碳化合物结合形成类黑精或者增加多酚类物质的聚合性。这二者均不易分解,从而减少了可被微生物利用的碳量。再者,氮输入阻碍白腐菌合成木质素酶,木质素分解受限使包裹于木质素内的诸如纤维素之类的多糖物质也难以被微生物利用以获得更多的碳和能量;⑤氮沉降增加地上部分净初级生产力,缓解了土壤碳限制,对表层土壤的微生物极为重要。同时,氮沉降还可能影响植物群落的组成,改变叶片的质量,影响进入土壤的有机质质量;⑥氮沉降改变微生物对底物的利用模式,如氮沉降降低了微生物对含氮底物的利用;⑦不同的微生物种群对氮输入的响应程度是不同的,这也导致了微生物数量变化的差异及微生物的群落组成,物种多样性的改变。

氮沉降在降低土壤微生物 α 多样性的同时,也会改变土壤微生物的群落组成和结构。不同的土壤微生物营养需求和生理结构不同,环境适应性存在显著差异,对氮沉降的响应也不尽相同。例如,氮沉降能够促进富营养型微生物如变形菌门和拟杆菌门等的生长,而降低贫营养型微生物如放线菌门等在群落中的丰度。

土壤真菌与细菌生理机能上的差异会在很大程度上影响其对氮沉降的响应,大量的研究表明,土壤中真菌与细菌比值与 C∶N 存在正相关关系。大气氮沉降增加了土壤中氮的有效性,降低了土壤 C∶N,会导致土壤真菌与细菌比值的降低。大气氮沉降不仅影响到土壤微生物多样性和群落组成,还可能对关键微生物类群产生影响,如氮循环相关微生物(氨氧化古菌,氨氧化细菌等)及菌根真菌等。与氮循环有关的微生物功能基因对氮素添加非常敏感,如 *nifH*、AOA-*amoA*、*nirS*、*nosZ* 基因丰度会在氮添加情况下大幅度升高,甚至在添加量极低的情况下也会出现升高。考虑到这些功能基因在氮的固定和反硝化过程中的关键作用,可推测即使微小的氮含量变化也可能显著影响氮的固定和反硝化过程。此外,氮素添加会降低菌根真菌的丰度,改变植物根系和土壤中菌根真菌的群落组成,如降低菌根真菌 α 多样性指数,进而诱导群落谱系的聚集。

六、氮沉降对土壤呼吸的影响

氮沉降引起的土壤微生物和植物根系的生理生态变化,最终会影响到土壤呼吸。基于温带森林相关研究进行整合分析发现,氮添加显著降低了土壤微生物和植物根系的呼吸速率。但氮添加对土壤呼吸的影响往往存在较大的不确定性,受到生态系统类型、环境条件和实验体系等因素的影响。基于 295 篇文献的整合分析研究发现氮添加对森林生态系统的土壤呼吸具有消极影响(-1.4%),但却增强了草地(7.84%)和农田(12.4%)生态系统的土壤呼吸。

氮沉降主要通过改变土壤氮的有效性和土壤酸化作用影响土壤呼吸。在氮限制型的生态系统如我国北方草地生态系统,氮添加往往可以消除植物和微生物的氮限制,增强土壤呼吸作用;但对于富氮生态系统如我国南方热带森林生态系统,氮添加可能会通过降低植物向地下的碳分配,改变土壤非生物环境,减少细根生物量和降低微生物活性,从而抑制土壤呼吸作用。另外,氮沉降引起的土壤酸化作用也影响了土壤呼吸。氮沉降一方面提高了土壤中 H^+ 的浓度,另一方面使得碱基阳离子 Ca^{2+}、Mg^{2+} 和 K^+ 流失,Al^{3+} 和 Mn^{2+} 浓度升高,增加了植物根系和土壤微生物的环境压力,进而对土壤呼吸产生抑制作用。

复习思考题

1. 酸沉降的成因是什么?
2. 中国酸沉降的主要来源是什么? 时空变化特征是什么?
3. 酸雨对植物的危害及其机理有哪些? 试举例说明。
4. 试分析大气氮沉降对森林和草地植物多样性的影响。
5. 氮沉降对微生物的影响及其机理是什么? 请举例说明。

主要参考文献

冯宗伟,2000. 中国酸雨的生态影响和防治对策[J]. 云南环境科学,19(21):1-6.

付伟,武慧,赵爱花,等,2020. 陆地生态系统氮沉降的生态效应:研究进展与展望[J]. 植物生态学报,44(5):475-493.

鲁显楷,莫江明,张炜,等,2019. 模拟大气氮沉降对中国森林生态系统影响的研究[J]. 热带亚热带植物学报,27(5):500-522.

孟紫强,2019. 生态毒理生态学[M]. 北京:中国环境出版集团:131-134.

王焕校,2002. 污染生态学(第 2 版)[M]. 北京:高等教育出版社:239-240.

Liu X J,Zhang Y,Han W X,et al,2013. Enhanced nitrogen deposition over China[J]. Nature,494: 459-462.

Nakaji T,Fukami M,Dokiya Y,et al,2001. Effects of high nitrogen load on growth,photosynthesis and nutrient status of Cryptomeria japonica and Pinus densiflora seedlings[J]. Trees,15:453-461.

Stevens C J,Dise N B,Mountford J O,et al,2004. Impact of nitrogen deposition on the species richness of grasslands[J]. Science,303:1876-1879.

Yu H L,He N P,Wang Q F,et al,2017. Development of atmospheric acid deposition in China from the 1990s to the 2010s[J]. Environmental Pollution,231:182-190.

Zhang T,Chen H Y H,Ruan H,2018. Global negative effects of nitrogen deposition on soil microbes[J]. The ISME Journal,12:1817-1825.

第九章 气溶胶及其生态效应

大气气溶胶是悬浮在大气中的固体和液体颗粒物的总称,尽管气溶胶在大气中的相对含量较少,但是对陆地植被生态系统的影响不可忽略。一方面,气溶胶通过其本身的辐射特性吸收或散射大气中的长波、短波,改变到达地表的直接和散射辐射,进而影响植物的生长;另一方面,气溶胶能够通过气候效应间接地改变地表的温度、降水,从而影响植物的生长。目前,国内外学者针对气溶胶的辐射和气候效应进行了大量的研究,而气溶胶生态效应的研究较少。因此,本章重点介绍气溶胶的时空分布特征及其对生态系统的影响。

第一节 概 述

一、气溶胶的定义

气溶胶通常是指液态或固态颗粒均匀地分散在气体中形成相对稳定的悬浮体系。这些颗粒的空气动力学直径为 $1\ nm \sim 100\ \mu m$。气溶胶粒子具有分布不均匀、变化尺度小、生命期短的特点,多集中于大气底层以及近地面,主要的清除机制有干沉降(受重力、湍流等影响直接降落到地面)和湿沉降(在降水过程中与云滴一起落到地面)。气溶胶的来源主要分为自然源和人为源两种,自然源主要通过火山喷发、岩石风化、植物花粉等途径,而人为源主要来自于人类生产活动(工业、农业、能源、交通、建筑等)。根据政府间气候变化专门委员会第六次评估报告(IPCC,2021),人类活动已成为硫酸盐、黑碳、硝酸盐、铵盐以及很大一部分有机气溶胶的主要来源。一般情况下,自然源产生的气溶胶具有区域性和偶然性,在大气中变化较小,而工业革命以后,人为源排放大大增加,所以主要研究人为源气溶胶的辐射强迫及其对气候的影响。

二、气溶胶的空间分布

大气气溶胶作为影响地气系统辐射平衡的重要物质之一,其空间分布特征对局地乃至全球气候变化具有重要影响。利用 MERRA-2 再分析资料分析表明,1980—2017 年全球气溶胶光学厚度在北非地区(0.43)达到最大,其次是中国东部(0.41)、南非(0.35)、印度中部(0.30)、北美(0.20)以及印度洋(0.12)地区(图 9.1)。其中,在中国东部、北美以及印度的中部地区,硫酸盐气溶胶占主导地位,贡献率分别达到

63％、66％和42％,这主要是由于这些地区工业排放大量二氧化硫(SO_2)所导致的。印度洋、北非和南非地区分别是由海盐、沙尘以及有机碳气溶胶主导,贡献率分别达到65％、82％和51％。值得注意的是,印度洋区域存在着硫酸盐的高值区,这主要是由于陆地硫酸盐气溶胶的远距离输送以及海洋排放的二甲硫醚氧化生成。

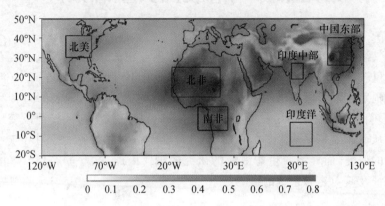

图9.1 1980—2017年6个典型区域的总气溶胶光学厚度的年平均值(张芝娟 等,2019)

就中国地区而言,气溶胶的整体空间分布呈现东高西低的特征,这主要是由于人为排放的差异所导致的。利用2005—2012年MODIS气溶胶产品分析表明,中国区域气溶胶光学厚度高值区主要集中在京津冀、长三角、华中、成渝等人口密集和工业发达地区,低值区主要在内蒙古、新疆、西藏等人口稀少和欠发达地区。

三、气溶胶的时间变化

相比较大气气溶胶的空间分布,时间变化特征对理解区域以及全球长时间序列的气候变化特征具有重要意义。从年际变化来看,中国东部以及印度中部地区总的气溶胶光学厚度有明显的增加趋势(图9.2f),年增长率分别为0.007和0.0056,高于其他地区。值得注意的是6个典型地区的硫酸盐气溶胶光学厚度在1982年以及1991年出现两次峰值(图9.2a),这可能分别与1982年的埃尔奇琼火山爆发和1991年的皮纳图博火山爆发有关。与其他地区相比,中国东部硫酸盐气溶胶呈现明显的增长趋势,并且在2010年前后出现一次较大的转折点,之后硫酸盐气溶胶光学厚度快速下降。不同于硫酸盐气溶胶的特征,黑碳气溶胶光学厚度在南非呈现显著减少的趋势,印度中部与中国东部地区整体呈现增长,且具有放缓的趋势(图9.2b);除了南非地区,有机碳光学厚度在其他地区具有较低的含量且无明显趋势变化(图9.2c);所有地区的海盐气溶胶均没有明显的年际变化,印度洋地区的海盐气溶胶光学厚度明显高于其他地区(图9.2d);印度中部与南非地区在2000年以后沙尘气溶胶的光学厚度呈现明显的增长,中国东部地区有轻微的减少,其他地区都没有明显的变化趋势,北非的沙尘气溶胶光学厚度明显高于其他地区。

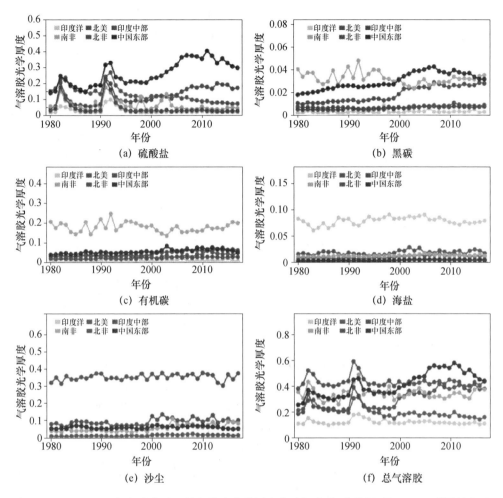

图 9.2　1980—2017 年全球典型区域气溶胶光学厚度的时间序列(张芝娟 等,2019)(彩图见书后)

　　总体来说,理解气溶胶的时空变化特征对研究气溶胶对气候和生态环境的影响都是尤为重要的。尽管随着理论知识与科技水平的提高,研究气溶胶时空分布特征的方法很多。除了直接观测之外,卫星遥感和模式研究等也取得了重要性突破,但是气溶胶本身的理化性质以及气溶胶-云-辐射-降水等相互作用的研究仍具有较大的不确定性。

第二节　气溶胶的辐射气候效应

一、气溶胶对辐射的影响

　　气溶胶可以散射或吸收长波、短波辐射,从而直接影响地气系统的辐射平衡,进而对气候产生影响,该作用与气溶胶本身的光学性质有着密切的联系,这一作用也被称为气溶胶的直接效应。此外,气溶胶粒子也可以改变云的物理和微物理特征(如减小云滴有效半径、延长云的寿命等),影响太阳辐射在地气系统中的分配,这一效应也被称为气溶胶的间接效应。

根据气溶胶本身的光学特性,可以分为散射性气溶胶与吸收性气溶胶。硫酸盐气溶胶作为散射性气溶胶中最具有代表性的一种,对太阳辐射有强烈的散射作用。观测数据和数值模拟分析表明,中国东部大部分地区日照时间和地面太阳辐射的减少主要原因是以硫酸盐为主的人为气溶胶的逐年增加。在全球尺度,数值模拟表明硫酸盐气溶胶的年均直接辐射强迫达到 -0.56 W·m^{-2}。黑碳气溶胶具有特殊的光学性质,能够吸收从短波到红外的太阳辐射,导致到达地面的辐射强迫减少,在地面造成负的辐射强迫。同时,黑碳气溶胶吸收太阳辐射后加热局部大气,使得大气向下的红外辐射增加。数值模拟表明,晴空条件下冬、夏两季(北半球)黑碳气溶胶在对流层顶的直接辐射强迫分别为 $+0.085$ W·m^{-2} 和 $+0.155$ W·m^{-2},在地表的直接辐射强迫分别为 -0.37 W·m^{-2} 和 -0.63 W·m^{-2}。目前国内外对硝酸盐气溶胶辐射强迫的研究较少,IPCC AR5 给出硝酸盐气溶胶的直接辐射强迫为 -0.11($-0.3 \sim -0.03$)W·m^{-2}。相关模拟研究发现硝酸盐气溶胶 2000 年和 2100 年的直接辐射强迫分别为 -0.22 和 -1.01 W·m^{-2}。相比硫酸盐,未来硝酸盐气溶胶直接辐射强迫将逐渐增加并超过硫酸盐,成为气候变化研究的一个新热点。

云覆盖约 60% 的地球表面,在影响地气系统辐射收支方面具有重要的作用。云既能反射太阳短波辐射,又能吸收地表发出的红外辐射。气溶胶会影响云的物理与微物理性质,进而改变云的辐射特性,比如亚马孙流域森林火灾排放的浓烟会使得当地云滴数浓度增加而云滴粒径减少。目前,人们对气溶胶-云相互作用的研究虽然有所了解,但仍存在极大不确定性,是研究气溶胶间接辐射效应的难点。

二、气溶胶的气候效应

气溶胶在大气中的含量相对较少,但它在全球及区域气候的变化中起着非常重要的作用,这种作用称之为气溶胶的气候效应。气溶胶影响气候的方式一般分为两种:一种是气溶胶通过吸收和散射太阳短波辐射改变地气系统的能量收支平衡,直接地影响气候;另一种是气溶胶影响云的物理和微物理特性,进而使得云的光学特性和降水率发生改变,从而间接地影响气候。

目前,国内外对气溶胶气候效应的研究主要建立在数值模拟研究的基础之上。利用大气化学-气候耦合模式模拟 1951—2000 年气溶胶对中国东部温度与降水的影响,结果表明硫酸盐气溶胶导致温度降低 0.4 ℃同时降水减少 -0.21 mm/d。而同期黑碳气溶胶的作用恰好相反,分别导致增温 0.62 ℃和降水增加 0.07 mm/d。区域尺度上,黑碳气溶胶会使中国北方区域降水减少,南方区域降水增加。如果进一步考虑有机碳和硫酸盐气溶胶的气候效应,则会使中国北方和南方区域的降水都呈现出减少的趋势。而对于含碳气溶胶而言,其对夏季东亚地区气候有着显著的影响,导致印度和中国南部地面气温上升,降水和总云量减少,然而在中国北方和孟加拉国出现了相反的气候效应。从上可知,不同研究得到的气溶胶气候效应存在较大差异,这与气溶胶种类、地理位置、气候条件等有关。

相比较数值模拟研究,气溶胶气候效应的观测研究非常稀少。基于飞机和卫星观测资料研究沙尘气溶胶对云特性和降水的影响发现,尽管沙尘气溶胶对云中含水量的影响极小,但却可以减小云滴粒子有效半径,并导致降水效率降低。基于长期的地面观测资料发现,美国南部平原地区大气气溶胶对降水和云的垂直发展有重要影响,当云中含水量比较高时,增加气溶胶粒子浓度会使得降水增加,而当云中含水量比较低时增加气溶胶则会抑制降水。在全球变暖的背景下,气溶胶和温室气体都是人类活动加剧的产物,了解气溶胶的气候效应对我们更全面地理解人类活动对气候的影响非常重要。在后面的章节我们将讨论气溶胶辐射与气候效应对生态系统的影响。

第三节　气溶胶散射施肥效应

一、散射施肥效应原理

植物的光合作用受到光照、温度、土壤湿度和环境 CO_2 浓度等多因素的调制。如第二章所述,光合产物的形成与光照强度累积的时间密切相关。在一定范围内,光合速率随光照强度的增加而增加,而当光照强度超过饱和点时,净光合速率将不再随光强增加(图 2.17)。然而,直射光和散射光对植物光合作用的影响效率并不相同。对于植被冠层而言,在白天某一时刻只有部分叶片能接收到直射太阳光,这部分叶片被称为阳生叶。而其他大部分叶片处于阴影中,只能接收散射辐射,被称为阴生叶。在晴朗的天空条件下,阳生叶通常是光饱和状态,而阴生叶接受的光较少,处于光响应曲线的低值线性部分。在阴天,阳生叶直接获得太阳光较少,而阴生叶获得的散射光较多,后者由于散射光的多方向性,能够更充分地穿透冠层。因此,当太阳辐射穿过大气层到达地球表面时,云和气溶胶的阻挡都会改变辐射的传播方向,从而产生不同程度的散射。散射辐射能够极大地促进阴生叶的光合作用,进而提高了整个冠层的光能利用率。这一由散射辐射特性增强光合作用的效应被称为散射施肥效应。

二、站点尺度的散射施肥效应

在站点尺度上,许多学者利用观测数据以及数值模式展开散射施肥效应的研究。例如,Mercado 等(2009)利用两个站点(阔叶林和针叶林)观测数据以及模式模拟研究了总初级生产力(GPP)对散射光和直射光的响应,观测与模式模拟的结果均表明在同等光合有效辐射通量(PAR)的条件下,散射辐射对应的光合速率比直接辐射更高(图9.3)。尽管观测表明,散射辐射会比直接辐射更加有效促进光合速率,但是很少有研究能够将这种散射施肥效率进行定量化。Zhou 等(2021)利用超过200个 FLUXNET 站点观测数据,首次探究了全球站点尺度 GPP 对单位散射辐射变化的响应,结果表明,当光合有效散射辐射增加 1 W·m^{-2},大多数站点的 GPP 将增加 0.16%~1.01%,其中散射辐射对光合作用的促进效率约为等量级直接辐射的 2.5倍。散射辐射的变化受多种因素的调制,其中气溶胶的影响仍缺乏系统量化。一方面,气溶胶在改变散射辐射的同时也会影响植物表面的温度、湿度等气象要素,进而对植物的光合作用产生影响。另一方面,气溶胶—云的相互作用直接影响气溶胶散射施肥效应的评估。因此,一般会选用无云天空的气溶胶光学厚度(AOD)与观测碳通量结合探究气溶胶的散射施肥效应。例如,Wang 等(2021)利用站点观测的 AOD以及光合作用速率,发现整个冠层的光合作用会随着 AOD 的增加呈现先增加后减少的趋势,其中造成最高光合作用速率的 AOD 值为 0.93。

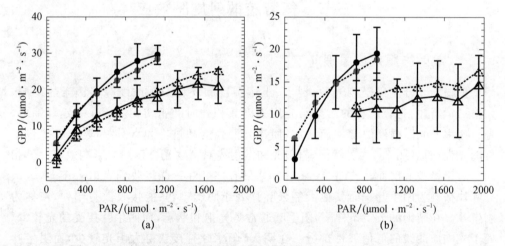

图 9.3 两个观测站点(a:阔叶林,b:针叶林)的 GPP 对 PAR 的响应曲线
(虚线表示模拟值,实线表示观测值,圆点表示散射光,三角表示直射光)

三、区域和全球尺度的散射施肥效应

不同于站点尺度,区域和全球尺度散射施肥效应的研究主要通过数值模拟完成。以中国地区为例,Yue 等(2017)模拟了气溶胶在中国地区的散射施肥效应,结果表明,晴空条件下气溶胶可促使净初级生产力(NPP)增加 20%~60%,在全天空(包含晴空和有云)条件下气溶胶只能改变 NPP 达-3%~6%。我们可以发现,气溶胶散射施肥效应在全天空条件下显著变弱,表明云的存在对气溶胶的散射施肥效应

起到消极的作用。因此,在研究气溶胶散射施肥效应的过程中要充分考虑到云的影响。在全球尺度上,Mercado 等(2009)模拟了 1960—1999 年散射辐射变化对陆地碳汇的影响,发现散射辐射的增强直接导致全球陆地碳汇增加了近 25%,其中主要是火山爆发的硫酸盐气溶胶的贡献。然而,结合多个数值模式以及观测数据发现,在 2002—2011 年全球气溶胶散射施肥效应仅为 $1.0\pm0.2\ \mathrm{PgC\cdot a^{-1}}$。这种差异性表明气溶胶散射施肥效应的研究仍然存在较大的不确定性。

四、气溶胶散射施肥效应的不确定性

气溶胶散射施肥效应研究的不确定性主要有两个方面。一方面,不同的冠层参数化方案考虑的辐射传输过程有差异,主要包括假设的冠层几何形状(球状或非球状)、冠层特性(叶片光学特性)以及光分配参数化(散射比例)方案等。例如,Yue 等(2015)采用的双叶辐射模型区分了阴叶和阳叶的不同光合作用的响应,最终得到 GPP 的最大增长效率为 40%。而 Mercado 等(2009)考虑了比尔定律对辐射的影响得出 GPP 最大增长效率为 18%。Cohan 等(2002)发现不同的冠层辐射方案影响 NPP 的最大增幅差别达 17%~30%。因此,未来需要更多观测数据来评估各种参数化方案的适用性。另一方面,研究散射施肥效应时忽略了反馈机制。许多观测研究表明,气溶胶的散射施肥效应可能会增加水分利用效率,进而影响植物生长与光合作用。因此,充分考虑反馈机制有利于减小气溶胶散射施肥效应评估的不确定性。

第四节　气溶胶对生态系统的综合影响

一、气溶胶对生态系统的直接影响

气溶胶对生态系统的直接影响主要是吸收和散射太阳光,改变到达地面的太阳辐射数量和质量,进而影响植物的光合作用。光合作用对 PAR 的响应是非线性的,同一冠层中叶片的光学特征和光响应效率也有所不同,因此冠层的生产力不仅取决于总光强的吸收量,还与光的类型和分布有关。中等负荷水平的气溶胶会减少到达地面的总辐射但会增加散射辐射:一方面,总辐射的减少会影响光饱和状态下的阳生叶的光合作用,但这种影响相对较小;另一方面,散射光的大量增加使得阴生叶的光照水平迅速增高,进而促进阴生叶的光合作用,因此气溶胶的直接辐射效应促进植物的生长。然而,当气溶胶负荷足够大时,到达地面的总辐射大量减少,导致到达冠层的辐射水平显著降低,进而抵消了散射光增加带来的光合作用增益,最终导致植物光合作用降低。除了气溶胶本身的影响,云对气溶胶的散射施肥效应往往是消极的作用,主要是因为云本身的辐射特性能够改变太阳辐射的传播方向,形成一定程度的吸收、反射以及散射,从而抑制气溶胶的辐射特性尤其是对散射光的影响,因

此气溶胶散射施肥效应在有云情况下会减弱甚至消失。

二、气溶胶对生态系统的间接影响

气溶胶辐射强迫改变温度、降水、土壤湿度等环境因子,会间接影响植物的光合作用。然而,在不同区域这个影响是不同的。对于全年平均温度较高以及相对湿度较低的中低纬度地区,当气溶胶导致地表温度降低和湿度升高时,植物的光合作用会有一定的增加,这是因为环境温度已经超过最优光合作用阈值,降温有利于趋向最优阈值,同时湿度增加有利于减缓环境的水分胁迫,进而促进该区域植物的光合作用。而对于环境温度较低以及湿度较高的高纬地区来说,气溶胶导致的温度降低会直接降低植物的光合作用。

以中国地区为例,Yue 等(2017a;2017b)的模拟研究发现,中国地区气溶胶的直接气候效应会导致区域的温度降低,散射辐射增强,土壤湿度增加。这三种气象因子的变化均促进了局地 NPP 的增加,共同提高了中国地区的陆地生产力。

三、气溶胶生态效应的不确定性

气溶胶对生态系统影响机理十分复杂,还有许多问题亟待解决。目前,许多研究对气溶胶生态效应尤其是气溶胶气候效应的影响都是基于物理过程,却忽略了气溶胶对生态系统反馈的化学机制,如碳—氮交互作用等。另一方面,数值模式也有待进一步发展。现阶段独立的植被生态过程模式、气候模式以及气溶胶模式开发较为成熟,但实现三者动态耦合的模式却很少。在未来需要开发包含多圈层相互作用的耦合模式,从而考虑气溶胶、辐射、气候以及生态系统之间的动态反馈过程。

复习思考题

1. 什么是气溶胶?其主要来源有哪些?
2. 我国气溶胶的时空变化特征是怎样的?
3. 什么是气溶胶的直接和间接气候效应?
4. 直接辐射和散射辐射对植物光合作用的影响有何不同?
5. 我国大气气溶胶通过哪些过程影响生态系统初级生产力?

主要参考文献

张芝娟,陈斌,贾瑞,等,2019. 全球不同类型气溶胶光学厚度的时空分布特征[J]. 高原气象,38
(3):660-672.

Cohan D S,Xu J,Greenwald R,et al,2002. Impact of atmospheric aerosol light scattering and absorption on terrestrial net primary productivity [J]. Global Biogeochemical Cycles,16(4),1090.

IPCC,2021. Climate Change. The physical science basis[R]. Working Group I Contribution to the Sixth Assessment Report of the IPCC.

Mercado L M,Bellouin N,Sitch S,et al,2009. Impact of changes in diffuse radiation on the global land carbon sink [J]. Nature,458:1014-1017.

Wang X,Wang C,Wu J,et al,2021. Intermediate Aerosol Loading Enhances Photosynthetic Activity of Croplands [J]. Geophys Res Lett,48,e2020GL091893.

Yue X,Unger N,2015. The Yale Interactive terrestrial Biosphere model version 1. 0:description,e-valuation and implementation into NASA GISS ModelE2 [J]. Geosci Model Dev,8:2399-2417.

Yue X,Unger N,2017a. Aerosol optical depth thresholds as a tool to assess diffuse radiation fertili-zation of the land carbon uptake in China [J]. Atmospheric Chemistry and Physics, 17: 1329-1342.

Yue X,Unger N,2018. Fire air pollution reduces global terrestrial productivity [J]. Nature Commu-nications,9,5413 .

Yue X,Unger N,Harper K,et al,2017b. Ozone and haze pollution weakens net primary productivity in China [J]. Atmospheric Chemistry and Physics,17:6073-6089.

Zhou H,Yue X,Lei Y,et al,2021. Responses of gross primary productivity to diffuse radiation at global FLUXNET sites [J]. Atmos. Environ. ,244,117905.

第十章　微气象学方法在生态气象学中的应用

准确量化生物圈与大气圈之间的温室气体交换,对于研究生态系统碳氮循环过程和气候变化响应等方面具有重要意义。微气象学方法是观测温室气体通量的重要方法。该方法主要的优势是可以进行原位无干扰的连续观测,而且在单点上观测的通量信号是通量贡献区内不同位置地面通量的加权平均,可以代表一定区域的通量交换信息。

目前,常用的微气象学方法主要包括涡度相关法(eddy covariance method,EC)和通量梯度法(flux-gradient method,FG)。近年来,随着超声风速计和高性能气体分析仪的开发和改进,涡度相关法已经成为直接观测生态系统与大气之间动量、能量和物质交换的常用方法,也是世界上 CO_2 和水热通量测定的标准方法,已成为大型生态系统研究网络(如国际通量观测研究网络 FLUXNET、中国通量观测研究网络 ChinaFLUX)的核心观测技术(Baldocchi,2014)。而通量梯度法是涡度相关法的有效补充,对于缺乏高频观测仪器、下垫面风浪区较小和湍流较弱的情况更为适用。

第一节　涡度相关法

一、涡度相关法的发展历程

涡度相关法是通过测定和计算物理量(如温度、CO_2 和 H_2O 等)的脉动与垂直风速脉动的协方差求算湍流通量的方法(Aubinet et al.,2012),也称为涡动相关法或涡度协方差法。作为测量生态系统与大气之间动量、能量和物质通量最直接的方法,涡度相关法理论基础坚实、使用范围广泛,已得到气象学家和生态学家的广泛使用,其观测数据被广泛用于生态模型检验和遥感反演验证中。

雷诺于 1895 年建立了涡度相关法的理论基础——雷诺平均和分解,但由于缺乏观测仪器,直到 1926 年涡度相关法才被用于动量通量观测,1951 年被用于热量通量观测,直到 20 世纪 70 年代初,人们才真正开始利用涡度相关法观测生态系统与大气之间的 CO_2 通量。但受制于仪器的响应速度,此时 CO_2 通量的观测误差高达 40%。随着商用超声风速计和快速响应红外气体分析仪的研发取得重大进展,涡度相关技术得到了长足发展,开路式 CO_2 浓度传感器的研发成功是涡度相关技术的革命性进步,该系统先后被用于农田、森林等多种生态系统的 CO_2 通量观测。在 1990 年之前,受传感器性能和数据采集系统的限制,涡度相关技术只能在野外进行短期观测。直到观测性能稳定、时间常数较短的商用红外气体分析仪的出现,人们才实现了用涡度相关技术从日尺度、月尺度到年尺度的生态系统 CO_2 和 H_2O 通量的连续观测。20世纪 90 年代中期,欧洲通量网、美国通量网等区域性通量观测研究网络开始成型。1995 年,在意大利 La Thuile 召开的"陆地生态系统 CO_2/H_2O 通量长期观测策略研讨会"上首次提出了 FLUXNET 的概念,此后,更多区域尺度或国家尺度的通量观测网络(如 ChinaFLUX)相继建立。截至 2017 年 2 月,在 FLUXNET 注册的涡度相关通量站已有 914 个(Pastorello et al. ,2020),ChinaFLUX 的观测研究站点(网)已达79 个,涵盖了农田、草地、森林、湿地、冻土、荒漠、城市和内陆水体等多种生态系统。未来,随着痕量气体分析仪(如 CH_4、N_2O 等)研发技术的发展和数据采集、分析、传输技术的进步,涡度相关技术将朝着长期化、组网化和多要素的方向发展。

二、涡度相关法的基本原理

涡度相关法可以直接、原位、无干扰地连续观测生态系统与大气之间的动量、能量和物质交换。净生态系统交换(net ecosystem change,NEE)是指整个生态系统与大气之间 CO_2 和 H_2O 的净交换,是大气模型的下边界条件。需要指出的是,NEE 强调的是整个生态系统的行为,而非生态系统中不同高度或不同植被组成要素的源汇强度。若在季节或年尺度上对 CO_2 和 H_2O 通量进行积分,生态系统与大气间的净交换就是生态系统的碳水收支。生态系统与大气之间的净 CO_2 交换定义为 CO_2 源项在垂直方向上的积分。

$$NEE = \int_0^h \overline{S}_{c,p} \mathrm{d}z' \tag{10.1}$$

式中,h 是植被冠层高度,$\overline{S}_{c,p}$ 为冠层 CO_2 源项,单位是 $\mathrm{kg \cdot m^{-3} \cdot s^{-1}}$。该定义遵守微气象学符号法则:NEE 为正值表示生态系统向大气释放 CO_2,是大气 CO_2 的源;NEE 为负值表示生态系统从大气中吸收 CO_2,是大气 CO_2 的汇。

类似地,净生态系统水汽交换(即蒸散速率 E)和净生态系统感热交换 H 定义如下:

$$E = \int_0^h \overline{S}_{v,p} \mathrm{d}z' \tag{10.2}$$

$$H = \int_0^h \rho\, c_p\, \overline{S}_{T,p} \mathrm{d}z' \tag{10.3}$$

式中,$\overline{S}_{v,p}$ 为冠层水汽源项,单位是 $\mathrm{kg \cdot m^{-3} \cdot s^{-1}}$,$\overline{S}_{T,p}$ 为冠层热源项,单位是 $\mathrm{K \cdot s^{-1}}$。

涡度相关法的原理可以用控制体积来阐述。控制体积可以视为一个巨大的通量箱体(图 10.1),与真实的通量箱不同,控制体积的箱体壁是假想的,空气可以无阻碍地自由流动。控制体积的上表面是涡度相关系统所架设的高度,且与局地地表平行。利用控制体积内 CO_2 累积量、通过控制体积顶部和侧面进入的净 CO_2 可以计算得到 NEE。由于控制体积足够大，可以完全包含通量贡献源区，所以涡度相关法是测量生态系统尺度通量的理想方法。

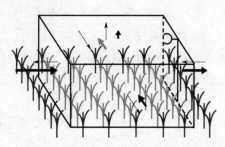

图 10.1 涡度相关法的通量贡献源区内的控制体积示意图（李旭辉，2018）
（实线箭头表示由平均气流产生的物质输送，虚线箭头表示涡度扩散通量）

涡度相关系统架设在通量不随高度变化的常通量层内，其观测高度 z 高于植被冠层高度 h，参考坐标系选择微气象学坐标系，忽略与侧风风速相关的项。对冠层体积平均后的 CO_2 质量守恒方程进行高度积分，可得 NEE 的完整计算式，详细推导过程见《边界层气象学基本原理》第 8 章（李旭辉，2018）。

$$NEE = \underbrace{\int_0^z \overline{\rho_d} \frac{\partial \overline{s_c}}{\partial t} dz'}_{I} + \underbrace{\overline{\rho_d} \overline{w's_c'}}_{II} + \underbrace{\int_0^z \overline{\rho_d} \overline{u} \frac{\partial \overline{s_c}}{\partial x} dz'}_{III} + \underbrace{\int_0^z \overline{\rho_d} \overline{w} \frac{\partial \overline{s_c}}{\partial z} dz'}_{IV} + \underbrace{\int_0^z \overline{\rho_d} \frac{\partial \overline{u's_c'}}{\partial x} dz'}_{V}$$

$$(10.4)$$

式中，$\overline{\rho_d}$ 为干空气密度，$\overline{s_c}$ 为 CO_2 混合比，$\overline{u}$ 为平均水平风速，$\overline{w}$ 是平均垂直风速，加"撇号"的为脉动量，即瞬时量与平均量的差值。式（10.4）右边分别为：I 储存项、II 涡度协方差项、III 水平平流项、IV 垂直平流项和 V 水平通量辐散项。

储存项（I）表示的是在控制体积内 CO_2 的累积或消耗速率。如果没有 CO_2 通过对流和湍流扩散进出控制体积，则储存项等于 NEE。野外观测中，除了在 CO_2 浓度变化速率较快的昼夜过渡时期外，储存项皆是 CO_2 收支过程中的小项，其日平均值通常可以忽略。

涡度协方差项（II）为通过控制体积上表面的 CO_2 涡度通量。图 10.2 形象地解释了为什么垂直风速与 CO_2 浓度的协方差等于垂直通量[式（10.5）]。图中，CO_2 密度 $\rho_c = 800$ mg $\cdot$ m^{-3}，垂直风速 $w = 0.5$ m $\cdot$ s^{-1}。在时间 $t = 0$ s 时，一个边长为 1 m 的立方体空气块紧贴着控制体积的上表面。$t = 1$ s 时，气块上升了 0.5 m。在这 1 s 内，空气块中一半的 CO_2（即 400 mg）通过了面积为 1 m^2 的表面。通量定义为单位时间通过单位面积的物质的量。因此，此处气块运动产生的瞬时通量为 400 mg $\cdot$ m^{-2} $\cdot$ s^{-1}。根据雷诺平均法则，平均通量可以表示为 w 和 ρ_c 的协方差和平流通量之和。

$$\overline{w\,\rho_c} = \overline{w'\rho'_c} + \overline{w}\ \overline{\rho_c} \approx \overline{w'\rho'_c} \tag{10.5}$$

若平均垂直风速 $\overline{w} = 0$，则 $\overline{w\,\rho_c} = \overline{w'\rho'_c}$。

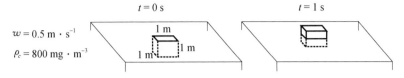

图 10.2　空气块向上运动所引起的通过参考表面的瞬时 CO_2 通量(李旭辉,2018)

需要注意的是,上述例子中通量是用 CO_2 质量密度计算的,需要考虑空气中水热条件变化对通量的影响。水热传输会引起干空气密度波动,从而引起虚假的 CO_2 通量,因此在实际计算中必须考虑并校正水热传输对 CO_2 通量的干扰,即密度效应订正。如果观测系统测定的是 CO_2 质量混合比,则可以避免干空气密度波动产生的虚假通量。

水平平流项(Ⅲ)表示单位时间内由平均风速输送通过单位横截面的 CO_2 量,表示为 $\overline{\rho_d}\ \overline{u}\ \overline{s_c}$。如果气流稳态,上表面通量为零,则沿着风向的平均 NEE 与净平流通量相平衡,即 NEE 与穿过控制体积下风向和上风向平面的总平流通量的差异成比例。垂直平流项(Ⅳ)为 $\overline{\rho_d}\ \overline{w}\ \overline{s_c}$,该项在地表总为零,但在控制体积的顶部不为零。流场的非均匀性会引起垂直平流。为了使空气质量守恒,垂直风速就不能为零,从而可以平衡水平辐散。水平辐散项(Ⅴ)表示从控制体积侧面通过湍流扩散方式进入控制体积的净 CO_2 量,包括上风向和下风向两项水平涡度通量。

通过对式(10.4)各项的阐述可知,似乎需要对控制体积五个面的平流通量和湍流通量同时进行观测,才能获得准确的 NEE。Aubinet 等(2010)尝试使用这样的观测方案来量化生态系统 NEE,但实验设备昂贵、观测成本极高。由于没有完全匹配的传感器可用于测量控制体积相对两个表面的净平流,因此在实际观测中,这种昂贵的"五面"观测方案并不一定能获得准确的 NEE。受仪器条件所限,实验者只能在某一个位置设置一个观测塔来进行通量观测。安装在单塔上的传感器,可以测量控制体积顶部的垂直涡度通量和控制体积内的储存项,但无法确定水平平流、垂直平流和水平辐散项。如果观测塔架设在宽阔、均一且平坦的下垫面上,则可以忽略水平平流、垂直平流和水平辐散项。式(10.4)简化为:

$$NEE = \int_0^z \overline{\rho_d}\,\frac{\partial\,\overline{s_c}}{\partial t}\mathrm{d}z' + \overline{\rho_d}\ \overline{w's'_c} \tag{10.6}$$

式(10.6)是利用单塔进行涡度相关观测的基础。在这种理想的下垫面上,平流和辐散不是控制体积内生态系统吸收 CO_2 的主要来源;控制体积中储存的 CO_2 以及从控制体积顶部向下扩散的 CO_2 才是生态系统 CO_2 的来源。相反,如果生态系统释放 CO_2,被释放的 CO_2 要么留在控制体积内,要么通过湍流扩散从顶部流出控制体积,

进入控制体积以上的大气。与之类似,涡度相关法测量的净生态系统水汽和感热交换分别为:

$$E = \int_0^z \overline{\rho_d} \frac{\partial \overline{s_v}}{\partial t} dz + \overline{\rho_d} \ \overline{w' s'_v} \tag{10.7}$$

$$H = \int_0^z \overline{\rho} c_p \frac{\partial \overline{T}}{\partial t} dz + \overline{\rho} c_p \ \overline{w' T} \tag{10.8}$$

式中,$\overline{\rho}$是空气密度,c_p为空气定压比热。有时,需要将蒸散量 E 乘以汽化潜热 λ($\approx$ 2440 J·g^{-1})得到潜热通量,λ 是气温的弱函数[3147.5−2.372×T_a(K)J·g^{-1}]。感热和潜热通量的单位是 W·m^{-2},CO_2 等物质的通量单位是 mg·m^{-2}·s^{-1} 或 μmol·m^{-2}·s^{-1},动量通量实质是雷诺应力,单位是 N·m^{-2}。

三、涡度相关系统的构成

涡度相关系统的核心设备包括三维超声风速计和快速响应的红外气体分析仪(图 10.3)。三维超声风速计可以高频($\sim$10 Hz)测定 u、v、w 三个方向上的风速,并计算输出超声虚温。目前,可供选择的商用超声风速计有十余种。不同厂家设计的传感器存在结构差异,对环境气流的扰动略有不同,所测虚温存在 5%$\sim$10% 的差别,经过必要的修正,风速和虚温等数据基本一致。红外气体分析仪利用 CO_2 和 H_2O 在红外波段的吸收光谱特征,通过信号衰减基于比尔定律计算光路中 CO_2 和 H_2O 的密度。代表性的产品有美国 Li-COR 公司生产的 LI-7500A(光路 0.125 m)、美国 Campbell Scientific 公司生产的 EC150(光路 0.15 m)、Data Design 公司生产的 OP-2(光路 0.20 m)和日本公司生产的 E009B(光路 0.20 m)。美国 Campbell Scientific 公司生产的一体化开路式涡度相关系统——IRGASON,将三维超声风速计与红外气体分析仪耦合在一起,避免两个设备分离带来的通量观测误差,是一体化涡度相关系统的代表。

根据光路是否暴露在空气中,红外气体分析仪分为开路式和闭路式两种(图 10.3)。开路式和闭路式涡度相关系统各有优缺点和适用的条件(表 10.1)。开路式红外气体分析仪对气流扰动微弱,造成的气流失真小,且红外气体分析仪观测的标量浓度信号与三维超声风速计测定的风速信号之间的时间差异较小(<0.5 s)。但由于该分析仪测定的是 CO_2 密度,而非混合比,所以在测定 CO_2 密度脉动的同时需要测量温度和湿度脉动以校正干空气密度波动对气体通量观测的干扰。此外,开路式涡度相关系统的传感器完全暴露于环境大气中,维护难度大,受气象条件干扰严重,为此要进行比较系统的数据质量控制。在闭路式涡度相关系统中,气样从超声风速计旁的进气口抽入管路,进入分析仪的密闭官腔内进行浓度测定。该系统最大的优势是可将分析仪置于室内,避免了降水、凝霜等不利天气条件的干扰,且可以自动、定期地抽入标准气体对分析仪进行标定。但是,通过管路抽气测样一方面对供电系统要求高,另一方面会导致 CO_2 浓度信号明显滞后于风速信号,还会引起 CO_2 浓

度脉动信号的衰减,这些误差与采样管直径、管路长度和流速有关。

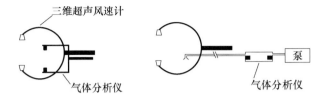

图 10.3　开路式和闭路式涡度相关系统的示意图(李旭辉,2018)

表 10.1　开路式和闭路式涡度相关系统的比较

开路式涡度相关系统	闭路式涡度相关系统
反应速度快	反应速度中等
不需要其他辅助设备	需要管路、泵等,受缓冲器的影响
受天气条件影响大,光路受到干扰时 (如下雨)数据不能使用	与天气条件无关
只能人工定期标定	可以自动标定,长期稳定
耗电低,适用于偏远或无交流电的地区	耗电高,必须有交流电作为电源

在陆地生态气象观测站,除了涡度相关观测外,一般还需要配备气象要素、土壤要素和植被要素的观测(表 10.2)。在水体生态气象观测站,还需配备多层水温、底泥温度和水质要素(如溶解氧、浊度、氧化还原电位等)的观测,以更全面地阐述生态系统的状态、功能和过程。

表 10.2　标准陆地生态气象观测站的测定项目(于贵瑞 等,2018)

	测定对象	测定项目	测定方法与标准仪器	注意事项
气象	湍流过程	动量通量	涡度相关法 (三维超声风速计)	坐标旋转
		感热通量	涡度相关法 (三维超声风速计)	侧风湿度校正 和虚温订正
		潜热通量(水汽通量)	涡度相关法(三维超声 风速计、红外气体分析仪)	密度效应订正
		CO_2通量	涡度相关法(三维超声 风速计、红外气体分析仪)	密度效应订正
		脉动大小	三维超声风速计、 红外气体分析仪	密度效应订正

续表

测定对象		测定项目	测定方法与标准仪器	注意事项
气象	平均梯度	风向、风速分布	风速风向传感器	相互校正
		气温分布	温湿度传感器	
		湿度分布	温湿度传感器	
		CO_2 浓度分布	红外气体分析仪（闭路可多高度切换）	
	辐射	向下短波、向上短波、向下长波、向上长波	四源净辐射传感器	
	降水	雨量、积雪量	翻斗式雨量计	
	气压	本站气压	气压计	
土壤	土壤呼吸		箱式法、扩散法等	连续测定
	土壤水分	土壤水分含量剖面分布	时域反射仪	多个深度
	土壤温度	土壤温度剖面分布	温度传感器	多个深度
	土壤热通量		热通量板	多个深度
植物	热流量	地表温度	红外测温传感器、热流板等	
	形态	叶面积指数	冠层分析仪、全天摄影	
		叶面积密度	冠层分析仪、全天摄影	
		枝、干的生物量	取样和统计分析	
	CO_2 交换	光合/呼吸量	光合仪、蒸腾测定装置、红外气体分析仪	
		单叶、枝、干	同化箱	
		气孔阻力	光合蒸腾测定装置	
	温度	叶面/树木温度	辐射温度表、热电偶	
	蒸腾		茎干流量传感器、热脉冲法、光合蒸腾测定装置	
	辐射	光合有效辐射	光合有效辐射表	
		光合光子通量密度	光量子传感器、全天摄影	
	其他	枯死量、脱落量	凋落物收集器	
		展叶、落叶	全天摄影、冠层分析仪	

四、涡度相关观测数据的处理

观测数据的处理、计算和校正是通量观测数据挖掘、释用和理解的关键过程。ChinaFLUX 给出了基于涡度相关技术计算 CO_2 通量的数据采集、处理和校正的基本流程(于贵瑞 等,2018),主要包括数据采集、数据存储、坐标旋转、通量校正、数据插补和日、年尺度通量计算等。在每个步骤中都需要开展细致研究,确定合适的方法。一般而言,通量数据的处理流程主要包括原始数据预处理、平均数据后处理和数据质量控制/评价(图 10.4)。首先,数据采集器在线对 10 Hz 原始数据进行延时校正、野点剔除和趋势去除等前处理,计算得到时间平均(如 30 min)的统计量,包括均值、标准差和协方差等。其次,对时间平均通量数据进行后处理,包括坐标旋转、频率响应校正、感热超声虚温订正和密度响应校正(WPL 校正)等。最后,对经过后处理的通量数据进行质量控制和评价,包括利用统计方法进行质量控制、缺测数据插补、质量评价(偏度、峰度、湍流平稳性、方差相似性检验等)、能量闭合程度评价、数据质量评级和贡献源区分析等。以下选择数据后处理中的坐标旋转、感热虚温订正和密度效应校正详细阐述。

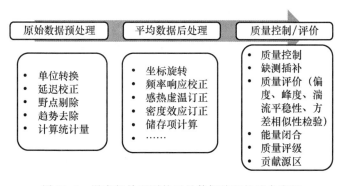

图 10.4　涡度相关观测的通量数据处理的基本流程

(1)坐标旋转

坐标旋转的目的是将超声风速的笛卡儿坐标系转换为自然风坐标系,主要方法包括二次坐标旋转、三次坐标旋转和平面拟合。以二次坐标旋转为例,旋转目的是使平均水平风与 x 轴平行,平均侧风速度 $v=0$,平均垂直风速 $w=0$。第一次以 z 轴为中心旋转 $x-y$ 平面使平均侧风 $v=0$,旋转角度记为 yaw 角 γ。第二次以 y 轴为中心旋转新的 $x-z$ 平面,使平均垂直风速 $w=0$,旋转角度记为 pitch 角 α。第三次以新的 x 轴为中心旋转新的 $y-z$ 平面,使侧风应力 $\overline{w'v'}=0$,旋转角度记为 roll 角 β。第三次坐标旋转存在旋转过度嫌疑,不推荐使用。虽然平面拟合定义了单塔通量观测的首选坐标,但不能用于单个通量的实时计算,必须有多组(5~10 d)通量数据才能拟合得到平面,且要求仪器安装不变,在非均一下垫面,倾斜角度还会随风向改变。因此,对于绝大部分较为平坦下垫面选择二次坐标旋转即可,对于地形复杂的下垫面或存在中尺度环流情况,推荐使用平面拟合。

(2)感热虚温订正

为了弥补湿度脉动对超声虚温 T_v 测量的影响,用下式对感热通量 H 进行虚温订正：

$$H=\left[\rho_a c_p \overline{w'T'}_v - \rho_a c_p \frac{0.514 R_d \overline{T_a^2}}{p}\overline{w'\rho'}_v\right]\cdot \frac{\overline{T_a}}{T_v} \tag{10.9}$$

式中，R_d 为干空气比气体常数，p 为大气压，注意式中温度都要以 K 为单位。

（3）密度效应校正

干空气是热量、水汽和痕量气体进行湍流扩散的媒介。温度、湿度和气溶胶是主动标量，其扩散和传输过程会改变干空气的动力性质。比如地表向上的感热交换会促使大气边界层变得越发不稳定，进而提高扩散效率；地表蒸发冷却和云凝结释放潜热皆会促使大气边界层变得更加稳定，降低扩散效率。主动标量的扩散会改变干空气密度，传感器自加热和气压波动等外部因素也会引起干空气密度变化。为了合理地观测痕量气体的扩散过程，就必须要考虑干空气本身的变化特性。干空气密度波动对气体通量观测的干扰被称为密度效应。

利用涡度相关技术观测 H_2O 通量和 CO_2 等痕量气体通量时，需要考虑气温、气压和水汽密度波动引起的干空气密度的脉动。三者之中温度波动起主导作用，气压波动的影响可以忽略不计。因此，忽略气压校正项后的 NEE 和 E 的密度效应订正（WPL 订正）公式如下：

$$NEE=\overline{w'\rho'_c}+\bar{\rho}_c(1+\mu \bar{s}_v)\left(\frac{\overline{wT'}}{T}\right)+\mu \bar{s}_c\overline{w'\rho'_v} \tag{10.10}$$

$$E=\overline{w'\rho'_v}+\bar{\rho}_v(1+\mu \bar{s}_v)\left(\frac{\overline{wT'}}{T}\right)+\mu \bar{s}_v\overline{w'\rho'_v} \tag{10.11}$$

式中，ρ_c 和 ρ_v 分别是 CO_2 密度和水汽密度，s_c 和 s_v 分别是 CO_2 混合比和水汽混合比，μ 是干空气摩尔质量与水汽摩尔质量之比。可见，涡度相关系统直接观测的协方差项需加上温度校正项和水汽校正项后才能得到准确的生态系统与大气之间的 CO_2 和 H_2O 交换。

在闭路式涡度相关系统中，气样从超声风速计旁的进气口抽入管路，然后进入仪器的密闭光腔内进行测定。此时，观测系统本身会改变干空气密度，因此闭路式系统的密度效应的订正方法与开路式系统不同。由于气样与采样管之间的热量交换效率非常高，在气样到达分析仪的光腔前，气样原有的温度脉动都消失不见了，而 CO_2 脉动保留无损，在进样时间短或管路气流处于湍流状态的情况下尤其如此。此时，不需要对温度脉动所引起的密度效应进行校正，仅需要校正因水汽脉动所引起的密度效应即可。与开路式涡度相关系统相比，闭路式涡度相关系统的优势在于其密度效应明显减弱。在气样到达闭路式分析仪之前，如果用水汽过滤器对气样进行干燥，则由水汽脉动所引起的密度效应也会被剔除干净。此时，分析仪光腔中不再有干空气的密度波动，仪器所测定的痕量气体密度脉动就是地表真实的源汇特征。但是这种硬件设计方案的代价是无法用同一套涡度相关系统测量水汽通量，但它大大提高了 CO_2 通量的测量精度，适用于水面等低通量的下垫面。

第二节　通量梯度法

一、通量梯度法的基本原理

涡度协方差法能直接观测涡度协方差项,从而获得净生态系统 CO_2 交换。如果将湍流扩散类比为分子扩散,则可以基于局地一阶闭合假设将湍流通量项表示为物质浓度梯度与湍流扩散系数的乘积,即通量梯度法

$$F_c = \bar{\rho}_d (\overline{w's'_c}) = -\bar{\rho}_d K_c \frac{\bar{s}_{c,2} - \bar{s}_{c,1}}{z_2 - z_1} \tag{10.12}$$

式中,以 CO_2 为例,参数 K_c 为 CO_2 的湍流扩散系数(m·s^{-1}), $\bar{\rho}_d$ 为干空气质量密度(kg·m^{-3}), z_1 和 z_2 为两个观测高度(m),负号表示湍流通量的方向是由高值指向低值。由此可见,只需要观测两个高度的平均状态变量,采用有限差分的形式即可计算湍流通量。

二、通量梯度观测系统的构成

实现通量梯度方法的观测,除了要准确观测浓度梯度以外,还需要计算湍流扩散系数。因此,通量梯度系统包括浓度梯度观测系统和湍流扩散系数参数化系统两个部分(温学发 等,2021)。

(1)浓度梯度观测系统的构成

通量梯度法成功应用的前提条件是目标气体梯度的准确观测。要实现对目标气体浓度梯度的准确观测,气体分析仪和采样系统需要满足如下要求:首先,分析仪具有足够高的准度和精度,既能准确观测目标气体的浓度,又能明确分辨出两个高度上目标气体的微小差异。其次,采样系统的响应更新时间足够快,分析仪能够在很短的时间内在上下进气口之间完成切换,以确保上下进气口观测到的是同一个空气团的特性。

红外光谱技术的发展极大地促进了通量梯度法的应用。通量梯度法中常使用的分析仪大多基于新型光谱技术,如可调谐二极管激光吸收光谱(lead-salt tunable diode laser absorption spectrometer,TDLAS)、离轴积分腔输出光谱(off-axis integrated-cavity output spectroscopy,OA-ICOS)和波长扫描光腔衰荡光谱(wavelength-scanned cavity ring down spectroscopy,WS-CRDS)等。相比于传统的红外光谱,这些新型的激光光谱技术具有更高精度、准度以及响应速度等优势。

要确保同一个空气团的特征能够被上下进气口都观测到,可以通过架设两台气体分析仪来实现,但容易产生系统偏差;如果采用一台分析仪,则要求观测系统能够在很短的时间(<1 min)内实现在两个进气口之间的切换。典型的观测系统设置如

图 10.5 所示。将两个进气口安装在上下两个高度,进气口防蚊虫处理,再接过滤器;气路进入实验室后经过缓冲瓶,以滤除掉高频信号;再经过三向电磁阀,要么通往分析仪观测气体浓度,要么通往旁路流出观测系统。由此,实现气体分析仪在上下两个进气口之间交替采样。

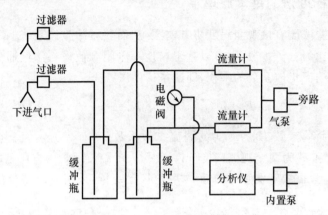

图 10.5　通量梯度观测系统示意图(Xiao et al.,2014)

(2)湍流扩散系数参数化系统

湍流扩散系数的参数化通常将湍流扩散过程类比于分子扩散过程。分子扩散过程是通过分子的布朗运动实现的,分子扩散率与分子自由程和平均振动速度的乘积成比例。湍流扩散过程是通过湍涡运动实现,湍流扩散率则可以采用类似的方式,用湍涡速度尺度和湍涡平均"移动路径"的乘积计算,即

$$K=lu_*　　　　　　　　　　　　(10.13)$$

式中,摩擦速度u_*表征湍涡速度尺度(m・s^{-1}),湍涡长度尺度l(即普朗特混合长,m)表征湍涡平均"移动路径",计算公式(普朗特假说,Schlichting,1979)为

$$l=kz　　　　　　　　　　　　(10.14)$$

式中,k 为冯・卡门常数,大量的风洞研究和微气象观测表明 k 的最佳取值为 0.4;z 为距离地面的高度。

假设在大气中湍涡传输热量、水汽、CO_2 和其他标量的效率是相同的,即

$$K_h=K_v=K_c　　　　　　　　　　(10.15)$$

式中,下标 h、v 和 c 分别表示热量、水汽和 CO_2。为了与其他边界层气象学书籍相统一,接下来以K_h为代表计算湍流扩散系数,其他标量的湍流扩散系数与此相同。

实验表明,由风切变产生的湍涡对动量和标量的输送能力相同,大气层结中性条件下的光滑表面上,近地面 K_h 与动量的湍流扩散系数 K_m 相同,计算公式为

$$K_m=K_h=kzu_*　　　　　　　　　(10.16)$$

而在空气稳定度非中性、表面有粗糙元的情况下,式(10.16)则需要相应做出

调整。

一方面,如果大气稳定度条件不同,湍涡扩散的效率不同。在非中性条件下,公式(10.13)需要增加稳定度的影响,调整为

$$K_m = \frac{kz u_*}{\phi_m} \qquad (10.17)$$

$$K_h = \frac{kz u_*}{\phi_h} \qquad (10.18)$$

式中,ϕ_m 和 ϕ_h 为稳定度校正函数,无量纲。中性条件下 $\phi_m = \phi_h = 1$。相对于中性条件,不稳定条件下的湍涡扩散更高效,$\phi_m < 1$,$\phi_h < 1$。稳定条件下的湍涡扩散则效率更低,$\phi_m > 1$,$\phi_h > 1$。

关于普适函数 ϕ_h,大量的野外试验研究已经确定了 ϕ_h 的计算公式。

$$\phi_h = 1 + 5\zeta \qquad (\zeta > 0) \qquad (10.19)$$

$$\phi_h = (1 - 16\zeta)^{-1/2} \qquad (\zeta \leqslant 0) \qquad (10.20)$$

式中,ζ 为稳定度参数,大于 0 为稳定条件,等于 0 为中性条件,小于 0 为不稳定条件。$\zeta = (z - d)/L$,其中 L 为奥布霍夫长度,计算公式为

$$L = -u_*^3 \left/ \left[k \left(\frac{g}{\theta_v} \right) \overline{w'\theta'} \right] \right. \qquad (10.21)$$

式中,g 是重力加速度(≈ 9.8 m·s^{-2});θ_v 是位温;$\overline{w'\theta'}$ 是垂直风速脉动与虚位温脉动的协方差,等于感热通量 F_h 除以平均空气密度和定压比热。

另一方面,在表面存在粗糙元(如植被)的情况下,浓度廓线被整体向上抬升,为了表示这一抬升高度,公式(10.17)和(10.18)中的 z 则应调整为与零平面位移(d)之间的距离($z - d$),即

$$K_h = \frac{k(z - d)u_*}{\phi_h} \qquad (10.22)$$

由此,感热通量 F_h 的计算公式为

$$F_h = -\bar{\rho} c_p K_h \frac{\overline{T}_2 - \overline{T}_1}{z_2 - z_1} \qquad (10.23)$$

式中,$\overline{T}_2$ 和 $\overline{T}_2$ 表示在 z_2 和 z_1 两个观测高度处的温度值;CO_2 通量 F_c 的计算公式如(10.12)所示。值得注意的是,公式(10.17)至(10.23)存在逻辑循环的问题。F_h 需要用 K_h 和温度梯度计算,K_h 需要基于 ϕ_h 计算,而 ϕ_h 又是 F_h 和 u_* 的函数,这个问题可以采用迭代算法或配套其他观测解决。

湍流扩散系数常用的计算方法包括:空气动力学模型(aerodynamic model)、迭代算法、修正波文比模型(modified Bowen-ratio model)和基于中性层结假设的风廓线模型(wind profile model)等(赵佳玉 等,2020)。空气动力学模型采用涡度相关法观测 F_h 和 u_*,代入上述公式,计算湍流扩散系数。迭代算法是基于两个高度上的风速和气温观测值先计算 u_* 和 K_h 的初始值,代入上述公式循环计算,直到结果满足收

敛条件。中性层结下的风廓线模型是假设大气层结处于中性层结,不考虑稳定度校正的问题,从而简化计算。修正波文比法的前提假设是目标气体与参考标量的湍流扩散系数相同,观测某一标量(如水汽)的通量和浓度梯度,反算湍流传输系数,再代入通量梯度法的公式计算目标气体的通量。

三、通量梯度法的应用与发展

通量梯度法的应用虽然远没有涡度相关法广泛,但是该方法对气体分析仪观测频率要求不高,在没有高频仪器可用的情况下,仍然能够实现通量观测,而且能弥补涡度相关法在湍流较弱或风浪区较小的情况下观测效果不理想的弱点。

首先,通量梯度法更适用于湍流较弱的情况。涡度协方差法在湍流较弱的情况下(如夜间)观测效果不理想,因此对于观测土壤和植被呼吸通量不确定性较大,而通量梯度法能够提供很好的补充和校正。有研究表明在夜晚大气层结稳定,不满足涡度相关法对观测条件的需求,但是通量梯度法能够监测到作物上方 CO_2 通量信号的变化,因此可以作为涡度相关法的备选方案。

其次,通量梯度法可以在风浪区较小的情况下开展观测。涡度协方差系统需要有足够大的风浪区,而对于风浪区较小的下垫面(如小型池塘等),必须降低仪器的观测高度,才能保证通量信号都来自目标下垫面。但是,涡度相关法的观测高度如果太低,会存在严重的高频信号损失问题。相比之下,通量梯度法的观测高度可以比涡度相关法更加贴近地面,因此在风浪区较小的下垫面也能实现准确观测。

最后,通量梯度法适用于多种痕量气体的观测。涡度协方差法要求气体分析仪的观测频率在 10 Hz 以上,但是目前只有少数的气体种类具备高频仪器,而且成本昂贵,通量梯度法对观测频率要求较低,可以在不具备高频气体分析仪的情况下实现通量观测。研究者们采用通量梯度法观测 CH_4 通量、N_2O 通量、CO_2 稳定同位素通量、水汽稳定同位素通量、H_2 通量、气态汞通量等。随着观测仪器的发展,通量梯度法除了被用于温室气体及其稳定同位素通量的观测之外,还将被用于更多其他痕量气体和污染物(如 $PM_{2.5}$ 等)的观测研究。

第三节 微气象学方法的注意事项

一、涡度相关法应用的注意事项

理想的涡度相关系统能够在空间同一个位置同步测量风速和目标气体混合比,并且仪器需要有足够快的响应速度,才能捕捉所有湍涡的贡献,且需要安装在与局地地形表面绝对平行的方向上。如果不符合以上理想的观测条件,则会产生观测误差。这些观测误差可以在野外观测之前的硬件准备阶段来进行校正,也可以通过观测之后的数据后处理来校正。在涡度相关观测试验中,需要关注以下几个问题。

(1)高频损失

风速计和气体分析仪都不是单点传感器,它们测定的是小体积气块的性质,无法捕捉尺度小于仪器测量体积的小湍涡的贡献。在频率域中,这些小湍涡属于高频信号,虽然对通量的贡献不大,但没有小到可以忽略的程度,在观测高度较低时尤其如此。实际观测中,浓度分析仪要与三维超声风速计保持一定的安装距离,以减少对风速测量的干扰,这种传感器分离也会造成高频损失。对于闭路式涡度相关系统,浓度测量是在密闭的光腔中完成的,环境空气要经过细小的管路进入分析仪,在气样经过管路进入光腔的过程中,也会损失掉一些高频信号。仪器采样频率越高,对小湍涡的捕捉能力越强,最佳采样频率可以通过低频到高频的累积频率曲线确定。

(2)时间延迟

在闭路式涡度相关系统中,气样要经过管路进入分析仪,导致气体浓度测量要滞后于风速测量,这种时间延迟可长达几秒,管路越长、半径越小、流速越低时延迟更为明显。开路式涡度相关系统中,三维超声风速计和红外气体分析仪的响应时间不同,传感器的分离也会造成测量时间不一致,但时间延迟明显短于闭路系统,一般小于 0.5 s,可以通过最大协方差法来校正。

(3)仪器倾斜

在野外试验中,很难将三维超声风速计安装得与下垫面完全平行。如果风速计安装在水平面上,但试验站点下垫面不平坦,也会产生倾斜误差。与下垫面不平行的风速计测定的垂直风速并不代表大气真实的垂直风速。在数据后处理过程中,需要通过坐标旋转来去除仪器倾斜误差。经过两次坐标旋转,$x-y$ 平面与局地下垫面平行,即 z 轴与局地下垫面垂直,y 轴与平均风矢量垂直。

(4)低频贡献

雷诺平均实质上是一种高通滤波运算,其滤波的频率阈值约等于平均时间 T 的倒数$(1/T)$,即在平均过程中频率小于 $1/T$ 的大湍涡的贡献会损失掉。常用的 $30\sim$ 60 min 的平均时间对于稳定到中等不稳定的大气是足够的。但在大气极不稳定时,湍流输送基本上是由大尺度、低频率的对流单体完成的,如果平均时间太短,则不能完全捕捉到它们对通量的贡献。

(5)密度效应

迄今为止,还没有红外气体分析仪可以直接测量气体的质量混合比。红外气体分析仪测定的是光吸收强度,而光吸收强度与光路中气体的质量密度成正比。由于干空气密度的波动会引起与生态系统—大气交换无关的气体质量密度的波动,基于质量密度测量的涡度相关系统观测需要进行密度效应校正。在密度效应订正中,通常假设校正过程中所用的中间变量观测值是准确无误的,而实际观测试验中,难免会存在误差。这些变量的观测误差会通过校正过程进行传递,影响校正后的通量。如果生态系统的源汇强度信号很微弱,这种误差传递可能会完全掩盖真实的通量信号。值得注意的是,除了密度效应订正和误差传递外,自加热效应和光谱效应也会给涡度相关系统的通量观测结果带来误差。

二、通量梯度法应用的注意事项

通量梯度法观测温室气体通量的优势是既能实现无干扰的连续观测,又不需要高频响应的观测仪器,同时能够实现风浪区较小的下垫面的准确观测。该方法需要准确地观测目标气体的浓度梯度,并准确地量化湍流扩散系数。在应用通量梯度法的过程中,需要注意以下几个问题。

(1)密度效应引起的误差

在搭建通量梯度系统时,可以通过合理设置观测系统规避掉密度效应。对于温度引起的密度效应,通量梯度系统一般采用闭路式分析仪,气样从进气口抽入管路,然后进入仪器的密闭光腔内进行测定。由于两股气流被抽入相同的环境中,就不存在由温度梯度所带来的密度效应。对于湿度引起的密度效应,可以在气样进入分析仪之前进行干燥处理。也有研究表明如果同步观测水汽密度,将 CO_2 密度换算成相对于干空气的密度,也可以消除湿度引起的密度效应。由此可见,如果气体分析仪观测的是 CO_2 质量密度,则采用闭路式分析仪,并且把水汽过滤掉,或者同步观测水汽质量密度,将 CO_2 质量密度校正为相对于干空气的质量密度,就无须进行密度效应订正(李旭辉,2018)。

(2)下垫面源汇分布不一致的影响

大气通量梯度法的一个重要假设是湍流对各种标量(感热、水汽、CO_2、其他气体、轻重稳定同位素等)的传输效率相同,该假设的前提条件是各项的源汇在空间上均匀分布。如果下垫面源汇分布不一致,则会引起观测结果的误差,这一点可以通过对比不同方法计算的 CO_2 传输系数或者对比 CO_2 通量观测结果来评价。在较为复杂的下垫面,可能会存在参考标量与目标气体源汇分布不一致的情况。

(3)近地边界层粗糙亚层的影响

对于较高的植被冠层,粗糙亚层的存在会引起通量观测的潜在误差。湍流扩散系数计算的重要理论基础是基于莫宁-奥布霍夫相似理论。该相似理论是基于光滑表面层观测结果建立的,更适用于较低矮的生态系统(如裸地和低矮农田),对于森林或较高的农田冠层可能不适用。这是因为对于较高的植被冠层,粗糙亚层内部的湍流主要由风廓线拐点处的动力不稳定激发的有组织的湍涡组成,这种湍涡对动量和标量的输送效率要高于光滑表面上的湍涡。因此,采用光滑表面建立的相似理论,可能会低估湍流扩散系数。

复习思考题

1. 请设计一套内陆水体(如湖泊)的开路式涡度相关观测系统,并思考实际观测中还需要注意哪些问题。

2. 开路式涡度相关系统与闭路式涡度相关系统的密度效应订正有何不同?

3. 水平平流和垂直平流分别在什么下垫面和天气条件下更为明显? 为什么? 选择涡度相关观测塔的位置时如何避免上述平流?

4. 请设计一套针对小型池塘 CH_4 通量观测的系统,并提炼需要注意哪些问题。

5. 阐述通量梯度法相对于涡度相关法的优势和劣势。

主要参考文献

李旭辉,2018. 边界层气象学基本原理[M]. 王伟,肖薇,张弥,等译. 北京:科学出版社.

温学发,肖薇,魏杰,2021. 碳通量及碳同位素通量连续观测的技术方法与规范[M]. 北京:科学出版社.

于贵瑞,孙晓敏,等. 2018. 陆地生态系统通量观测的原理与方法[M]. 北京:高等教育出版社.

赵佳玉,肖薇,张弥,等,2020. 通量梯度法在温室气体及同位素通量观测研究中的应用与展望[J]. 植物生态学报,44(4):305-317.

Aubinet M,Vesala T,Papale D,et al,2012. Eddy covariance [M]. Springer Atmospheric Sciences,1-15.

Aubinet M,Feigenwinter C,Heinesch B,et al,2010. Direct advection measurements do not help to solve the night-time CO_2 closure problem:Evidence from three different forests[J]. Agricultural & Forest Meteorology,150:655-664.

Baldocchi D,2014. Measuring fluxes of trace gases and energy between ecosystems and the atmosphere-the state and future of the eddy covariance method [J]. Global Change Biology,20(12):3600-3609.

Pastorello G,Trotta C,Canfora E,et al,2020. The FLUXNET2015 dataset and the ONEFlux processing pipeline for eddy covariance data[EB/OL]. Scientific Data,7:225,https://doi.org/10.1038/s41597-020-0534-3.

第十一章　遥感技术在生态气象学中的应用

遥感技术是 20 世纪 60 年代兴起并迅速发展起来的一门综合性探测技术,它是建立在现代物理学、空间技术、计算机技术以及数学方法和地学规律基础之上的一门新兴科学技术。遥感的功能价值引起了许多学科和部门的重视,特别是在资源勘查、环境管理、全球变化、动态监测等方面获得越来越广泛的应用,极大地扩展了人们的观测视野及研究领域,形成了对地球资源和环境进行探测和监测的立体观测体系,揭示了地球表面各要素的空间分布特征与时空变化规律,并成为信息科学的重要组成部分。由于篇幅有限,本章首先简单介绍遥感技术的一些基本概念,然后介绍部分关键陆表植被参数与生态系统参数的遥感监测方法。

第一节　遥感技术概述

一、遥感过程与遥感类型

(1)遥感过程

遥感在不同学科有着不同的定义,但是目前国内广泛采用的定义为:遥感是在远距离探测目标处,使用一定的空间运载工具和电子、光学仪器,接收并记录目标的电磁波特性,通过对电磁波特性进行传输、加工、分析和识别处理,揭示出目标物的特征性质及其变化的综合性探测技术。遥感技术的基础是电磁波,并由此判读和分析地物目标和现象(周廷刚 等,2015)。

一个完整的遥感过程通常包括信息源、信息的获取、接收、存储、处理和应用等部分(如图 11.1 所示)。

信息源:信息源是遥感探测的依据,任何地物都具有反射、吸收、透射及辐射电磁波的特性,当目标物与电磁波发生相互作用时会形成目标物的电磁波特性。因此,遥感技术主要是建立在物体辐射或反射电磁波的原理之上。

信息获取:信息获取是指运用遥感技术装备接收和记录目标物电磁波特性的探测过程。信息获取所采用的遥感技术装备主要包括遥感平台和传感器。

信息接收与存储:传感器将接收到的地物电磁波信息记录在数字磁介质或胶片上。其中,胶片由人或回收仓送回地球,而数字磁介质上记录的信息可以通过传感器上携带的微波天线传输到地面接收站。目前,遥感影像数据均以数字形式保存,

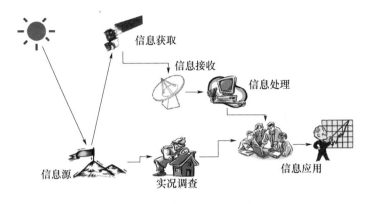

图 11.1　遥感过程示意图

且随着计算机技术的快速发展,数据保存格式也趋于标准化和规范化。

信息处理:信息处理是指运用光学仪器和计算机设备对所获取的遥感信息进行校正、分析和解译处理的技术过程。

信息应用:信息应用是指专业人员按不同目的将遥感信息应用于各业务领域的使用过程。遥感的应用领域十分广泛,最主要的应用有军事、地质矿产勘探、自然资源调查、地图测绘、环境监测以及城市建设和管理等。

（2）遥感类型

遥感技术因为应用领域广、涉及学科多,不同领域的研究人员所持立场不同,所以对遥感分类方法也不同,下面主要介绍根据遥感平台和波段的分类方式(周廷刚 等,2015)。

遥感平台是指搭载传感器的工具,主要有地面遥感、航空遥感(气球、飞机、无人机)和航天遥感(人造卫星、飞船、空间站、火箭)。地面遥感观测精度高,对同一地区的连续观测间隔时间短,但是覆盖区域比较狭窄。航天平台覆盖范围大,进入区域不受国界限制,但精度相比其他平台要低。航空遥感平台相对于航天遥感平台的观测精度更高,但覆盖范围小;相对于地面平台,精度稍低,但覆盖范围大;早期航空遥感受成本高、覆盖范围有限以及连续观测困难等限制,应用相对较少,但近年来,随着无人机技术的快速发展,极大地降低了航空遥感的成本,无人机遥感技术已成为当前遥感发展的一个重要趋势。

根据传感器的探测波段一般可将遥感分为紫外、可见光、红外、微波和多光谱遥感。紫外遥感(探测波段在 $0.05\sim0.38~\mu m$)主要集中探测目标物的紫外辐射能量,目前对其研究较少。可见光遥感(探测波段在 $0.38\sim0.76~\mu m$)是应用比较广泛的一种遥感方式,具有较高的地面分辨率,但只能在晴朗的白昼使用。红外遥感($0.76\sim1000~\mu m$)又分为近红外遥感(波长为 $0.7\sim1.5~\mu m$)、中红外遥感(波长为 $1.5\sim5.5~\mu m$)和远红外遥感(波长为 $5.5\sim1000~\mu m$)。中、远红外遥感通常用于遥感物体的辐射,具有昼夜工作的能力。微波遥感($1~mm\sim1~m$)具有昼夜工作能力,但空间分辨率低。多光谱遥感指利用几个不同的谱段同时对同一地物（或地区）进行遥感，从而获得与各谱段相对应的各种信息。

（3）遥感技术的特点

遥感作为一门对地观测综合性科学，它的出现和发展既是人们认识和探索自然界的客观需要，更有其他技术手段与之无法比拟的特点。第一，遥感具有大面积同步观测能力。遥感探测能在较短的时间内从空中乃至宇宙空间对大范围地区进行对地观测，并从中获取有价值的遥感数据。第二，遥感获取信息的速度快、周期短。由于卫星围绕地球运转，能及时获取所经地区各种自然现象的最新资料，以便更新原有资料，或根据新旧资料变化进行动态监测，这是人工实地测量和航空摄影测量无法比拟的。第三，遥感探测所获取的是同一时段、覆盖大范围地区的遥感数据，这些数据综合地展现了地球上许多自然与人文现象，宏观地反映了地球上各种事物的形态与分布，真实地体现了地质、地貌、土壤、植被、水文和人工构筑物等地物的特征，全面地揭示了地理事物之间的关联性。第四，遥感获取信息的手段多、信息量大。根据不同的任务，遥感技术可选用不同波段和遥感仪器来获取信息。第五，经济社会效益高。采用不受地面条件限制的遥感技术，特别是航天遥感可方便及时地获取各种宝贵资料，尤其是人类难以到达区域的资料。

虽然遥感技术具有其他技术不可替代的优势，但是仍存在一定的不足之处。首先，遥感技术本身的局限性，包括传感器定标、遥感数据定位、遥感传感器分辨率的局限性，遥感技术所利用的电磁波还很有限，仅反映近地表的特征。其次，现有遥感图像处理技术不能满足实际需要，遥感图像解译后获取的往往是对地物的近似估计信息，导致解译的信息与实际状况之间必然存在差异。此外，遥感数据易受天气影响，特别是在大雾等天气条件下，可见光遥感就会受到很大的限制。最后，遥感数据的共享和集成难度大，由于各国获取的遥感数据的难易程度不一，且不同应用领域都有针对性较强的遥感数据需求，这就使得遥感数据在共享方面存在一定难度。

二、遥感技术应用流程

应用是遥感发展的生命线。当前遥感形成了一个从地面到空中，乃至空间，从数据收集、处理到判读分析和应用，对全球进行探测和监测的多层次、多视角、多领域的观测体系，成为获取地球资源与环境信息的重要手段，是地球大数据的主要来源之一。通过遥感所获得和形成的"遥感大数据"具有海量性、宏观性、客观性、现势性、全面性和准确性的特点，是人们了解和把握地球资源和环境的态势，是解决人类面临的资源紧缺、环境恶化、人口剧增、灾害频发等一系列严峻挑战的重要信息手段，为资源、环境、土地、农业、林业、水利、城市、海洋等领域，特别是对自然灾害的调查、监测和管理，实现对环境和灾害的预测、预报和预警，对支持经济和社会的可持续发展具有重大作用。遥感数据应用主要环节包括遥感器定标、大气校正、几何校正和定量遥感模型构建四个部分(赵英时 等,2013)。

(1)遥感器定标

遥感器定标是指建立遥感器每个探测元件所输出信号的数值与该探测器对应像元内的实际地物辐射亮度值之间的定量关系,将遥感器记录的灰度值(DN 值)转换为大气层顶的辐射值。遥感器定标是遥感数据定量化处理中最基本的环节,其定标精度直接影响遥感数据的可靠性。遥感器常用的定标技术包括实验室定标、星上定标和场地定标等。

(2)大气校正

大气校正是消除光谱信号在大气辐射传输过程中由于大气的干扰引起信号退化的一种图像处理及光谱处理方法。值得注意的是,并不是所有遥感应用都必须进行大气校正。是否进行大气校正,取决于科学问题本身、可以得到的遥感数据的类型、当前实测大气信息数据、遥感数据中提取生物物理信息所要求的精度等。

(3)几何校正

遥感成像的时候,由于飞行器的姿态、高度、速度以及地球自转等因素的影响,造成图像相对于地面目标发生几何畸变,这种畸变表现为象元相对于地面目标的实际位置发生挤压扭曲、拉伸和偏移等,针对几何畸变进行的误差校正就叫几何校正。

(4)定量遥感模型

定量遥感模型是从获取遥感专题信息的应用需求出发,对遥感信息形成过程进行模拟、统计、抽象或简化,最后用文字、数学公式或者其他的符号系统表达出来。定量遥感模型概括起来分为三类:物理模型、统计模型和半经验模型。物理模型是根据物理学原理建立起来的模型,模型中的参数具有明确的物理意义。统计模型又被称为"经验模型",其建模思路是建立地面观测数据与遥感数据的经验统计回归模型。半经验模型则综合了物理模型和统计模型的优点,其建模既考虑了模型的物理含义,又引入了经验参数。定量遥感模型一般采用反演模型,即利用从传感器接收到的由地表地物发射(反射)的电磁波信息,基于既定的计算模型,根据遥感数据获取时的各种环境参数(如大气状况、成像时间等信息)计算出大气或地表目标物的相关物理参数(如地表反射率、植被参数以及温度等)。

三、遥感技术在生态参数监测中的应用

广义的生态参数是指表征生态环境属性的所有参数集合,包括生理参数、物理参数、化学参数等。本章所述的生态参数是指陆地生态系统的生态参数,包括陆表植被参数(如土地覆盖类型、植被覆盖度、叶面积指数、植被生产力和光合有效辐射等)和其他陆表关键生态参数(如地表温度、蒸散和土壤水分等)。早在遥感卫星发射以前,人类就已经采用航空遥感开展生态监测,如美国用航空遥感进行美国国家公园的植被类型遥感制图。遥感卫星发射后,基于遥感的陆地生态系统监测发展历程中的标志性事件有

3个。一是国际地圈-生物圈计划（International Geosphere-Biosphere Program, IGBP）开创了全球土地覆盖遥感监测。IGBP 生产的土地覆盖数据集为全球尺度的生态系统评估、全球变化等多个研究领域提供了统一且规范的基础数据。随后大量全球和区域尺度的土地覆盖产品相继出现。二是全球气候观测系统（Global Climatic Observation System, GCOS）提出基本气候变量指标（Essential Climate Variables, ECV），首次系统梳理了基于遥感的生态参数指标体系。三是联合国千年生态系统评估计划（Millennium Ecosystem Assessment, MA）首创基于多源遥感数据融合的大尺度生态系统监测与评估先河。MA 计划综合运用遥感获取的土地覆盖类型和生态参数，构建了生态系统的评估指标体系，对不同生态系统的服务功能进行了详细评估，为后续国家尺度和全球尺度的生态遥感应用奠定了技术基础（吴炳方 等，2019）。

第二节　陆表植被参数的遥感监测

植被在地球表面占有很大的比例，是地—气系统物质能量交换的主要载体，是研究地球辐射收支平衡及碳、氮、水循环的关键因子。陆地表面的植被常是遥感观测和记录的第一表层，是遥感图像反映的最直接的信息，也是人们研究的重要对象。人们可通过遥感提供的植被信息及其变化来提取与反演各种植被参数，监测它的变化过程与规律，研究它与生态环境其他因子间的相互作用和整体效应等。此外，作为地理环境重要组成部分的植被，与一定的气候、地貌、土壤条件相适应，受多种因素控制，对地理环境的依赖性最大，对其他因素的变化也最敏感。因此，人们往往可以通过遥感所获得的植被信息的差异来分析那些图像上并非直接记录的隐含在植被冠层以下的其他信息，如水土资源、气候资源、蚀变带与矿藏、地质构造、自然历史环境演变遗留的痕迹等。

植物内部所含的色素、水分以及它的结构等控制着植物特殊的光谱响应。同时，我们还知道植被在生长发育的不同阶段（发芽—生长—衰老），从其内部成分结构到外部形态特征均会发生一系列周期性的变化。这种变化是以季节为循环周期的，故称之为植物季相节律。植物季相节律在植物细胞的微观结构到植物群体的宏观结构上均会有所反应，致使植物单体或群体的物理光学特征也发生周期性变化，因此有可能通过多光谱遥感信息获得植物及其变化的信息，直接监测植被长势、病虫害以及进行森林与草场制图、生物量估算等多方面研究。本节以植被指数模型、叶面积指数和植被生产力为例，介绍关键陆表植被参数的遥感监测技术。

一、植被指数模型

遥感图像上的植被信息主要通过绿色植物叶片和植被冠层的光谱特性反映。不同光谱通道所获得的植被信息与植被的不同要素或某种特征状态有各种不同的相关性。例如,叶片光谱特性中,可见光谱段受叶内叶绿素含量的控制,近红外谱段受叶内细胞结构的控制,短波红外谱段受叶细胞内水分含量的控制。再如,可见光中绿光波段对区分植物类别敏感,红光波段对植被覆盖度、植物生长状况敏感等。但是,对于复杂的植被遥感,仅用个别波段或多个单波段数据分析对比来提取植被信息有明显的局限性,因而往往选用多光谱遥感数据经分析运算(加、减、乘、除等线性或非线性组合方式),产生某些对植被长势、生物量等具有一定指示意义的数值,即所谓的植被指数(赵英时 等,2013)。

(1)常见植被指数

比值植被指数(ratio vegetation index,RVI):近红外(NIR)和红(R)波段灰度值或反射率(ρ_{NIR} 和 ρ_R)的比值。绿色健康植被覆盖地区的 RVI 远大于 1,而无植被覆盖的地面(裸土、人工建筑、水体、植被枯死或严重虫害)的 RVI 在 1 附近。植被的 RVI 通常大于 2,RVI 是绿色植物的灵敏指示参数。

归一化植被指数(normalized difference vegetation index,NDVI):NDVI = $(NIR-R)/(NIR+R)$。NDVI 常用于检测植被生长状态、植被覆盖度和消除部分辐射误差等。NDVI 的变化范围为 $-1\sim1$,负值表示地面覆盖为云、水、雪等,对可见光高反射;0 表示有岩石或裸土等,NIR 和 R 近似相等;正值,表示有植被覆盖,且随覆盖度增大而增大。

增强型植被指数(enhanced vegetation index,EVI):为了改进 NDVI 的某些缺陷如大气噪声又开发了 EVI。EVI 不仅继承归一化植被指数(NDVI)的优点,还改善了其高植被区饱和,大气影响校正不彻底和土壤背景等问题,EVI 可以提高植被的敏感度,降低土壤背景和大气影响,对植被变化的监测具有更高的灵敏性和优越性,在草地退化监测、草地资源定量分析等研究中应用广泛。EVI 加入蓝色波段(ρ_B)以增强植被信号,矫正土壤背景和气溶胶散射的影响,其计算公式为:

$$EVI=2.5\frac{\rho_{NIR}-\rho_R}{\rho_{NIR}+6\rho_R-7.5\rho_B+1} \tag{11.1}$$

EVI 值的范围是 $-1\sim1$,一般绿色植被区的范围时 $0.2\sim0.8$。

绿度植被指数(green vegetation index,GVI):穗帽变换(K-T 变换)后表示绿度的分量。穗帽变换是指根据经验确定的变换矩阵将图像投影综合变换到三维空间(即亮度、绿度和湿度变量),其立体形态形似带缨穗的帽子,变换后能看到穗帽的最大剖面,充分反映植物生长枯萎程度和土地信息变化。穗帽变换是一种特殊的主成分分析,与主成分分析不同的是其转换系数是固定的,因此它独立于单个图像,不同图像产生的土壤亮度和绿度可以互相比较。

垂直植被指数(perpendicular vegetation index,PVI):在 $R-NIR$ 的二维坐标系内,植被像元到土壤亮度线的垂直距离。

$$PVI=\sqrt{(\rho_{R_s}-\rho_{R_v})^2+(\rho_{NIR_s}-\rho_{NIR_s})^2} \tag{11.2}$$

式中,下标 s 表示土壤反射率,下标 v 表示植被反射率。PVI 较好地消除了土壤背景的影响,对大气的敏感度小于其他 VI。PVI 是在 $R-NIR$ 二维数据中对 GVI 的模拟,两者物理意义相同。

土壤调整植被指数(soil adjusted vegetation index,SAVI):$SAVI=[(NIR-R)/(NIR+R+L)](1+L)$,目的是解释背景的光学特征变化并修正 NDVI 对土壤背景的敏感。与 NDVI 相比,SAVI 增加了根据实际情况确定的土壤调节系数 L,取值范围 0~1。$L=0$ 时,表示土壤背景的影响为零,即植被覆盖度非常高,土壤背景的影响为零,这种情况只有在被树冠浓密的高大树木覆盖的地方才会出现。

差值植被指数(difference vegetation index,DVI):$NIR-R$,又称农业植被指数,为近红外和红波段的反射率之差,它对土壤背景变化敏感,能较好地识别植被和水体。该指数随生物量的增加而迅速增大。

(2)植被指数与地表参数的关系

植被指数的一个重要应用是可以反演植被生物物理参数。也就是说它与植被生物物理参数如叶面积指数、植被覆盖度、绿色生物量、光合有效辐射等之间存在相关关系,可以作为获取这些生物物理参数的"中间变量",或得到二者之间的转换系数。目前人们已经积累了大量基于不同地面条件、植被生长全过程的植被与土壤的光谱反射辐射特征数据,以及相应的生物物理测量数据。这些数据是建立植被指数与生物物理参数关系的基础。目前利用遥感数据来估算植被生物物理参数主要有两种方法。一是统计模型,即建立植被指数与植被生物物理参数的回归方程。它简单易行,被广泛应用,但普适性差。二是理论模型,如几何光学模型和辐射传输模型等。它的物理意义明确,描述了植被方向反射与植被灌层结构之间的关系,可以反演各种类型植被的生物物理参数,但反演模型复杂,需要的参数较多,一定程度上限制了它的应用。除了植被生物物理参数外,植被指数与地表生态环境参数如气候、地形、植被生态系统和土壤水文变量等之间也存在着密切关系。因此,可以用于地表生态环境的监测,如建立植被指数与气候参数、植被蒸散和土壤水分的关系等。

(3)常用植被指数产品

目前国际上全球尺度的植被指数产品主要有 NOAA/AVHRR 第三代全球植被指数数据(global vegetation index,GVI)、MODIS 植被指数产品和法国 SPOT 卫星的 NDVI 产品等。GVI 数据通过对原始 AVHRR 数据进行重采样而生成,空间分辨率为 4 km。此外,为了减少云的影响,GVI 是由连续 7 d 图像中 NDVI 值最大的像元所组成。NOAA(美国国家海洋和大气管理局)从 1982 年起就生产 GVI 数据。MODIS 植被指数数据包括 EVI 和 NDVI(2000 年至今),包括多种空间(250 m、500 m、1 km、25 km)和时间(日、16 d 合成和月)分辨率产品。SPOT NDVI 空间分辨率为 1 km,是从 1998 年 4 月 1 日至今的每 10 d 合成的四个波段的光谱反射率及 10 d 最大化 NDVI 数据集。除上述植被指数数据集外,目前还有基于陆地资源卫星(Landsat 系列)和哨兵-2 号卫星的植被指数数据集。

二、叶面积指数

叶面积指数(leaf area index,LAI)是陆面过程中的一个十分重要的结构参数,是表征植被冠层结构最基本的参量之一,它控制着植被的许多生物过程和物理过程,如光合、呼吸、蒸腾、碳循环和降水截获等。LAI 既可以定义为单位地面面积上所有叶片表面积的总和(全部表面 LAI),也可以定义为单位面积上所有叶片向下投影的面积总和(单面 LAI)。传统的 LAI 地面测量获得的信息有限,而且不能呈面状分布。所以,大区域研究 LAI 仅仅靠地面观测是行不通的,卫星遥感为大区域研究 LAI 提供了唯一的途径。

LAI 反演的关键是如何根据光子在冠层中的辐射传输过程及其形成的特殊光谱响应特征,建立 LAI 与遥感地表反射率的关系模型。遥感观测的植被指数与 LAI 密切相关,通过拟合两者的经验关系可以将复杂的冠层辐射传输过程进行简化,直接将地表反射率表示为 LAI 的函数。另外,描述光子在冠层中传输过程的物理模型也可以模拟地表反射率与 LAI 的关系(刘洋 等,2013)。

(1)基于植被指数的经验关系方法

叶面积指数 LAI 与遥感地表反射率计算的植被指数有很强的正相关关系,经验关系方法认为两者具有某种函数形式的关系,通过建立这种函数关系,可以用植被指数来估算 LAI。常被用于 LAI 反演的包括 $NDVI$ 和 RVI。LAI 与植被指数之间的函数形式随着植被指数和植被类型不同而存在差异。对于不同的区域和植被类型分别建立最佳的关系模型。用于拟合模型参数的 LAI 数据可以通过地表测量和模型(如表征冠层辐射传输过程的物理模型)模拟两种方式获得。

经验关系方法简化了光子在冠层内复杂的传输过程,方法简单高效,在小区域内可以获得较高的精度。而且,植被指数通过几个波段比值或者归一化等方法,在突出植被信息的同时,减小了冠层阴影、土壤背景、大气污染和角度效应等影响。但是,这种方法仅以 2~3 个波段组合生成的植被指数作为输入,不能充分利用传感器获得的光谱信息,而且从多个波段信息降低为一个指数也减少了反演的约束条件,会导致结果的不确定性增加,造成经验关系随着传感器、植被类型、时间及地理位置的变化而改变,因而建立大范围适用的经验关系模型非常困难。

(2)物理模型方法

物理模型方法基于植被冠层的光子传输理论模拟冠层中的辐射传输过程,建立地表光谱反射率与 LAI 的关系模型。叶片辐射传输模型可以模拟叶片尺度的光子辐射传输过程,建立叶片光学属性(反射率和透射率)与叶片结构和生物物理参数的关系。从叶片扩展到冠层尺度需要采用冠层辐射传输模型或者几何光学模型。通过模型建立地表反射率与 LAI 关系后,从物理模型反演叶面积指数,实质上是基于卫星观测的地表光谱反射率估算模型参数值,在特定冠层和背景条件下,找到最佳的 LAI。物理模型十分复杂,在实际反演中,可以采用最优化、查表或神经网络等方法实现模型参数的快速反演。

物理模型方法以物理光学为基础,适用的植被类型和空间范围更广。但相对于基于植被指数的经验关系方法,这种方法也存在一些问题。首先,模型参数众多,一些参数很难获取。其次,基于复杂模型的参数反演方法均存在各自的局限性。例如,最优化方法可以保持模型本身精度,但计算耗时长,难以应用于大区域反演;查表和神经网络虽然可以实现模型的快速反演,但反演结果的可靠性依赖于查表和神经网络训练数据的代表性。

(3)常用叶面积指数产品

自 20 世纪 80 年代以来,多种卫星搭载不同的光学传感器升空对地球持续进行重复观测。目前基于这些数据生成了全球 LAI 标准产品,例如基于 NOAA/AVHRR 的 ECOCLIMAP、ISLSCP-II (international satellite land surface climatology project)和 AVHRR LAI;基于 SPOT 卫星的 CYCLOPES(carbon cycle and change in land observational products from an ensemble of satellites)和 GLOBCARBON(global biophysical products terrestial carbon studies)LAI;基于 TERRA 和 AQUA MODIS 传感器的 MOD15;基于 ENVISAT/MERIS 的 MERIS LAI;基于多种传感器的 GEOV1(GEO-LAND2 Version 1)和 GLOBMAP(long-term global mapping);以及基于 MODIS 和 AVHRR 的 GLASS(global land surface satellite)LAI 产品等。这些产品在空间格局和季节变化上基本类似,但在不同的植被类型和季节也存在一定差异。

三、植被生产力

植被生产力可以分为总初级生产力(gross primary production,GPP)和净初级生产力(net primary production,NPP)。前者是指生态系统中绿色植物通过光合作用,吸收太阳能同化 CO_2 制造的有机物的量;后者则表示从 GPP 中扣除植物自养呼吸所消耗的有机物后剩余的部分。在 GPP 中,平均约有一半有机物通过植物的呼吸作用重新释放到大气中,另一部分则构成植被 NPP,形成生物量。

植被生产力的模拟研究经历了从最初的简单统计模型、遥感数据驱动的过程模型到动态全球植被模型等多个发展阶段。遥感数据因其能够提供时空连续的植被变化特征,在区域评估和预测研究中扮演了不可替代的角色。自 20 世纪 90 年代以来,随着多种中高分辨率卫星数据的普及,以及全球范围内涡度相关通量站点的建立,已经发展了众多基于遥感数据的植被生产力模型,特别是基于光能利用率原理的过程模型得到了显著发展,出现了众多应用于区域和全球的植被生产力遥感模型。概括起来可划分为 3 大类:统计模型、光能利用率模型和基于遥感数据的动态全球植被模型(袁文平 等,2014)。

(1)统计模型

统计模型是最早发展起来的用于估算和模拟区域植被生产力的一种方法,其基本原理是结合遥感数据(主要是各种植被指数)和地面观测的植被生产力数据构建统计关系,用于估算区域的植被生产力。借助时空连续的植被指数资料,统计模型在估算区域和全球植被生产力中发挥着重要的作用。目前的统计模型一般可以分为2类,一类是直接建立植被指数与植被生产力间的相关关系,利用这种相关性进行区域估算;另一类是综合使用植被指数与其他环境因子,采用回归树、神经网络等复杂的统计方法,构建回归参数向量再进行区域应用。

虽然统计模型能够在一定程度上估算区域植被生产力,但是由于方法本身的原因,在应用时仍然存在着诸多限制。首先,统计模型利用某一区域的生产力观测值与遥感数据建立关系,模型具有很强的区域适用性,再把其应用到其他地区时需要重新确定经验参数值,大大降低了其应用的普适性。其次,统计模型没有描述植被生产力的形成过程的机理,其所构建的统计关系完全依靠所收集的观测数据。因此,观测数据的时间尺度决定了模型可以模拟的时间尺度。如采用生产力年平均值建立的统计模型就无法模拟月尺度的植被生产力的变化,这显著限制了此类模型的应用范围。最后,统计模型无法用于对未来的预测研究。

(2)光能利用率模型

光能利用率模型,又叫生产效率模型,是基于遥感数据估算植被生产力的主要方法。光能利用率模型对光合作用做了理论上的简化和抽象,并做了以下几点假设:在适宜的环境条件下(温度、水分、养分等),植物光合作用的强弱取决于叶片吸收太阳有效辐射的量并且植物将太阳能转化为化学能的比例(即潜在光能利用率);在现实的环境条件下,潜在光能利用率通常受到水分、温度以及其他环境因子的限制。为此,植被生产力可以用下述的公式表示:

$$GPP = fPAR \times PAR \times \varepsilon_{max} \times f \qquad (11.3)$$

式中:PAR(photosynthetically active radiation)为入射的光合有效辐射;$fPAR$(fraction of PAR absorbed by the vegetation canopy)为植物冠层吸收的光合有效辐射的比例,二者乘积为植物冠层吸收的光合有效辐射(absorbed photosynthetically active radiation,APAR);ε_{max}为潜在光能利用率;f为各种环境胁迫对光能利用率的限制作用,ε_{max}与f乘积表示现实环境条件下的光能利用率。基于遥感数据的植被指数能够有效反映植被冠层叶绿素比例,通常被用于计算$fPAR$,而不同模型所考虑的环境限制因子亦存在较大的差异。

基于上述原理,在20世纪90年代出现了第一个用于估算全球植被净初级生产力的光能利用率模型 CASA(carnegie-ames-stanford approach)模型。随后发展了GLO-PEM(global production efficiency model)、MODIS-GPP、CFix(carbon fix)、CFlux(carbon flux)、EC-LUE(eddy covariance-light use efficiency)、VPM(vegetation photosynthesis model)和 VPRM(vegetation production and respiration mode)等众多光能利用率模型。

（3）基于遥感数据的动态全球植被模型

另外一类被广泛地应用于模拟陆地生态系统植被生产力的模型是动态全球植被模型(dynamic global vegetation models,DGVMs)。这类模型耦合了陆地生态系统的主要生态过程，包括陆地表面物理过程、植被冠层生理、植物物候、植被演替、竞争以及碳、水、氮和能量与大气层的交换，从而能够动态模拟区域乃至全球的植被生产力、净生态系统碳交换、土壤碳含量、地上/地下凋落物和土壤碳通量以及地表植被结构（如 LAI 和植被类型分布）等，并且能够反映生态系统在 CO_2 浓度升高、气候变化和各种人为和自然干扰下的变化特征，对研究陆地生态系统对全球变化的响应和反馈具有不可替代的应用价值。遥感数据在简单的经验模型和生产效率模型中直接提供植被生长状况信息，在准确估算植被生产力中扮演了至关重要的角色。同样，在动态全球植被模型中，遥感数据为模型在区域尺度应用提供了多方面的重要基础数据。

四、应用实例

下面以 VPM 光能利用率模型为例，简单介绍利用遥感估算植被生产力的主要流程(Zhang et al. ,2019)。

（1）VPM 模型简介

VPM 模型基于叶片和冠层可分为叶绿素部分和非光合部分这一概念，将植被冠层吸收光合有效辐射的比例分为叶绿素吸收部分和非光合植被吸收部分，只有前者用于光合作用。VPM 模型采用气候变量（空气温度 T 和光合有效辐射 PAR）和遥感获取数据（增强型植被指数 EVI 和陆地表面水分指数 $LSWI$）模拟 GPP。其 GPP 表达式为：

$$GPP = PAR \times fPAR \times \varepsilon_g \tag{11.4}$$

式中，$fPAR$ 为植被可吸收 PAR 的比例，由 EVI 近似代替；ε_g 为实际光能利用率[g C/(m² · mol · APAR)]，APAR 为植被吸收的 PAR。ε_g 定义为：

$$\varepsilon_g = \varepsilon_{max} \times T_s \times W_s \tag{11.5}$$

$$T_s = \frac{(T - T_{min})(T - T_{max})}{[(T - T_{min})(T - T_{max})] - (T - T_{opt})^2} \tag{11.6}$$

式中，ε_{max} 为潜在光能利用率，可基于生长旺季通量观测数据利用 Michaelis-Menten 方程计算得到；T_s 为温度限制因子；W_s 为水分限制因子；T_{min}、T_{max} 和 T_{opt} 分别为光合作用的最低温度、最高温度和最适温度，如果空气温度低于 T_{min} 或高于 T_{max}，则 T_s 为 0。

由遥感获取的 $LSWI$ 被用来计算水分对植被光合作用的影响，同时叶片物候影响因子 P_s 也被加入用来反映叶片水分含量的动态：

$$W_s = \frac{1+LSWI}{1+LWSI_{max}} \times P_s \tag{11.7}$$

$$P_s = \frac{1+LSWI}{2}(叶片完全展开之前) 或 1(叶片完全展开之后) \tag{11.8}$$

式中,$LSWI_{max}$为植被多年生长季内的最大$LSWI$。针对常绿植被(比如常绿针叶林和常绿阔叶林)和草地,做了一个简单的假设:$P_s=1$。

$LSWI$由遥感地表反照率产品的近红外波段ρ_{nir}和远近红外波段ρ_{swir}反射率计算得到:

$$LSWI = \frac{\rho_{nir} - \rho_{swir}}{\rho_{nir} + \rho_{swir}} \tag{11.9}$$

(2)计算结果示例

表 11.1 显示了我国北方某温性草原站点生长季 GPP 计算结果,时间分辨率为 8 d,EVI 数据来自 MODIS 产品,$LSWI$ 采用 MODIS 地表反照率产品的近红外(ρ_{nir})和短波红外(ρ_{swir})两个波段来计算。基于通量观测数据获取得到的 ε_{max} 值为 0.55 g C/(m^2・mol・APAR);多年生长季 $LSWI_{max}$ 值为 0.055;T_{min} 取值-2 ℃,T_{max} 取值 35 ℃,T_{opt} 取值 20 ℃。

表 11.1　北方某温性草原站点的 VPM 模型输入数据与估算结果表

年积日	T/℃	PAR/ mol/(m^2・d)	EVI	$LSWI$	GPP 估算值/ g C/(m^2・d)
121	9.80	36.91	0.12	-0.17	1.45
129	7.14	38.89	0.13	-0.17	1.37
137	9.78	37.59	0.15	-0.16	1.84
145	10.39	34.62	0.15	-0.16	1.86
153	13.04	44.07	0.18	-0.14	3.21
161	18.38	41.47	0.22	-0.11	4.32
169	17.84	40.28	0.18	-0.15	3.36
177	17.65	40.62	0.30	-0.09	5.81
185	21.31	40.82	0.21	-0.14	3.97
193	18.62	36.37	0.21	-0.13	3.65
201	23.68	46.45	0.22	-0.13	4.55
209	20.41	40.08	0.23	-0.04	4.85
217	20.54	32.44	0.31	-0.04	5.28
225	16.77	37.30	0.31	0.00	6.08
233	16.06	37.11	0.32	0.01	6.21
241	13.70	32.42	0.27	-0.08	3.86
249	13.57	36.38	0.25	-0.10	3.91
257	14.67	32.32	0.23	-0.07	3.41
265	7.29	28.90	0.19	-0.14	1.58

第三节　其他陆表生态参数的遥感监测

一、地表温度

地表温度(land surface temperature,LST)是区域和全球尺度上陆地表层系统过程的关键参数,它综合了地表与大气的相互作用以及大气和陆地之间能量交换的结果。地表温度作为众多基础学科和应用领域的一个关键参数,能够提供地表能量平衡状态的时空变化信息,在数值预报、全球环流模式以及区域气候模式等研究领域得到广泛的应用。由于影响地表温度的表面状态参数如反照率、土壤的物理和热特性以及植被等,具有较强的空间非均匀性,地表温度在时空领域变化相当快。要获取区域和全球尺度上地表温度的时空分布,常规的地面定点观测难以实现,而卫星遥感是唯一可能的手段。用于地表温度反演的数据包括热红外遥感、高光谱遥感和被动微波遥感数据,由于篇幅有限,下面将介绍最主流的基于热红外遥感估算地表温度的原理与方法(李召良 等,2016)。

(1)红外辐射传输基础理论

绝对温度大于 0 K 的任何物体都会向外以电磁波的形式辐射能量。根据普朗克定律(Planck's law),处于热平衡状态下的黑体在温度 T 和波长 λ 处的辐射能量可以用普朗克定律表示,即:

$$B_\lambda(T) = \frac{C_1}{\lambda^5 \left[\exp(C_2/\lambda T) - 1 \right]} \tag{11.10}$$

式中,$B_\lambda(T)$ 是黑体在温度 T(K)和波长 λ(μm)处的光谱辐亮度[W/($\mu m \cdot sr \cdot m^2$)];C_1 和 C_2 是物理常量[$C_1 = 1.191 \times 10^8$ W/($\mu m^4 \cdot sr \cdot m^2$),$C_2 = 1.439 \times 10^4$ $\mu m \cdot K$]。

由于绝大多数自然地物都是非黑体,根据基尔霍夫定律,实际物体吸收和发出的能量均不如黑体,需要在式(11.10)中加入地表发射率的影响。地表发射率可定义为地物的实际热辐射与同温同波长下黑体热辐射的比值。自然地物的热辐射可以用地表发射率乘以式(11.10)的普朗克函数得到。显然,如果大气对卫星获取的辐亮度信号没有影响,那么在已知地表发射辐射和发射率的情况下,地表温度就能根据公式(11.10)反演得到。

(2)热红外地表温度遥感反演方法

过去几十年里,利用卫星热红外数据进行地表温度反演已经得到了显著的发展。国内外研究者对辐射传输方程和地表发射率使用了不同的假设和近似,针对不同卫星搭载的不同传感器,提出了多种反演算法,这些算法大致可以分为 5 类:单通道算法、多通道算法、多角度算法、多时相算法、高光谱反演算法。

单通道算法:利用卫星接收的位于大气窗口的单通道数据,使用大气透过率/辐射程序对大气的衰减和发射进行校正,需要输入大气廓线数据。然后在已知地表发射率的条件下,计算得到地表温度。单通道算法是对辐射传输方程的简单变形,前提是地表发射率和大气廓线已知。这些方法虽然在理论上能够精确反演地表温度,但高精度的地表发射率在实际应用中很难获取。

多通道算法:一种用于海洋温度反演的方法(即分裂窗算法),利用了中心波长在 $11\sim12\ \mu m$ 的两个通道水汽吸收不同的特点,这种方法不需要任何大气廓线信息。多种分裂窗算法被提出并成功用于海面温度反演,包括线性分裂窗算法、非线性分裂窗算法、线性或非线性多通道算法和温度发射率分离法等。

多角度算法:同一物体从不同角度观测时,由于大气路径不同而产生不同的大气吸收。但大气吸收体的相对光学物理特性在不同观测角度下保持不变,大气透过率仅随角度的变化而变化。多角度算法通过特定通道在不同角度观测下所获得亮温(与实际物体辐射出射度相同时黑体的问题)的线性组合来消除大气的作用。

多时相算法:多时相算法是在假定地表发射率不随时间变化的前提下利用不同时间的测量结果来反演地表温度和发射率的,其中比较有代表性的是两温法和日夜双时相多通道物理反演法。两温法的思路是通过多次观测来减少未知数的个数。该方法假设热红外通道已经经过精确的大气校正并且发射率不随时间而发生变化,那么如果地表被 $N(\geqslant2)$ 个通道两次观测,$2N$ 次测量将会有 $N+2$ 个未知数(N 个通道的发射率以及 2 个地表温度),这些未知数可以从 $2N$ 个方程中同时得到。日夜物理反演法通过结合白天和晚上的中红外以及热红外数据来同时反演地表温度和发射率。

二、地表蒸散

蒸散(evapotranspiration,ET)既包括地表和冠层截流的水分蒸发,也包括植被的蒸腾。蒸散是地球水圈、大气圈和生物圈水分交换的重要过程。精确估算蒸散量对水资源合理利用和管理决策有重要参考意义。此外,蒸散是陆面过程中地气相互作用的重要过程之一,也是短期数值天气预报模型和全球气候模式必不可少的参数。

遥感估算蒸散是遥感科学的重要研究方向,用卫星遥感准确计算地表蒸散在农业、气象和生态等领域有重要研究意义和应用价值。经过数十年的发展,遥感估算地表蒸散的技术手段在模型、方法和卫星数据应用等方面获得很大进展,使得遥感技术成为监测大范围地区的地表能量平衡和水分状况的一种有效手段。目前遥感估算区域水热通量的方法主要有地表能量平衡模型、Penman-Monteith 类模型、温度—植被指数特征空间方法和 Priestley-Taylor 类模型(周俏 等,2016)。

(1)地表能量平衡模型

遥感估算蒸散模型的理论基础是能量平衡方程,不考虑平流引起的能量输送、植被光合与呼吸作用,以及地表能量存储过程时,在垂直方向上,认为地表单位面积

的净辐射 R_n 可分解为由蒸散消耗的潜热通量 LE、由于存在温度梯度而进行热交换的显热通量 H 与土壤热通量 G：

$$R_n = LE + H + G \tag{11.11}$$

式中,各项单位均为 W·m^{-2}。

根据边界层湍流梯度输送理论,两位置间的物质与能量交换可看作是两处的势差引起,并由当地的大气环境、地表和植被属性决定的阻抗所控制,可得计算显热和潜热通量的公式：

$$H = \rho c_p \frac{T_{aero} - T_a}{r_a} \tag{11.12}$$

$$LE = \frac{\rho c_p}{\gamma} \frac{e_s - e_a}{r_a + r_s} \tag{11.13}$$

式中,ρ 表示空气密度(kg·m^{-3}),c_p 为空气比定压热容[J/(kg·K)],T_{aero} 表示土壤和植被热源(汇)高度处的空气动力学温度,T_a 为参考高度的空气温度(K),r_a 是空气动力学阻抗(s·m^{-1}),r_s 是表面水汽扩散阻抗(s·m^{-1}),γ 是干湿球常数(Pa·K^{-1}),e_s 和 e_a 分别是蒸发表面水汽压和大气水汽压(Pa)。

地表能量平衡模型是目前应用最为广泛的模型,根据其对土壤-植被-大气连续体 SPAC(soil-plant-atmosphere continuum)通量源(汇)的处理,可分为单源模型和双源模型。

单源模型忽略土壤植被内部能量及水分的相互作用,把 SPAC 看作一片均匀的大叶,这片叶子的温度、含水量、辐射量等就代表整个地表相应的物理量,并与外界空气交换动量、热量和水汽。双源模型把地表分解为土壤和植被两个组分,它们分别是水热交换的两个源。根据植被和土壤的相互作用机制及阻抗联结方式不同,又分为串联模型和并联模型。使用双源模型需要将卫星遥感反演的地表温度组分分解为土壤温度和植被冠层温度,而遥感中很多情况是只有一个观测角度的表面辐射温度,导致方程个数小于未知数个数,所以模型应用之初,常结合类似 Penman-Monteith 的公式计算地表蒸散。后来学者们提出了一些简化方法来求解方程,也发展了通过多角度观测遥感数据反演得到地表组分温度,从而计算地表和植被的能量平衡分量的方法,但仍然应用不广泛。

(2)Penman-Monteith 类模型

Penman(1948)结合空气动力学与能量平衡理论估算湿润下垫面地表蒸散,Monteith(1965)在此基础上,引入冠层表面阻抗 r_s,考虑了地表植被生长和土壤供水的影响,为非饱和下垫面蒸散研究开辟了新途径,得到著名的 Penman-Monteith 方程：

$$LE = \frac{\Delta(R_n - G) + \rho c_p [e^*(T_a) - e_a]/r_a}{\Delta + \gamma(1 + r_s/r_a)} \tag{11.14}$$

式中,$e(T_a)$为空气温度 T_a 对应的饱和水汽压,单位为 Pa,$\Delta = de/dT$,单位为 Pa·K^{-1}。遥感可以提供各种阻抗所涉及的部分下垫面特征参数,如 LAI;光合有效辐射吸收比 $fPAR$ 以及植被覆盖度 f_c 等,提高了 Penman-Monteith 类模型的可操作性,并逐渐分离土壤蒸发与植被蒸腾,向双源模型的方向发展。

(3)温度-植被指数(LST-VI)特征空间方法

当图像的像元数量足够多时,植被指数和地表温度组成的二维散点分布图会形成类似三角形或梯形,称为 LST-VI 特征空间。特征空间主要包括以下 4 种类型:地表温度和植被指数/覆盖度构成的特征空间;地表温度和反照率构成的特征空间;地气温差和植被指数/覆盖度构成的特征空间;昼夜温差和植被指数/覆盖度构成的特征空间。特征空间以较简单的线性关系描述了地表温度、植被状况及土壤湿度三者间的关系,它的出现是由于植被指数增加使得地表辐射温度的变化范围减少。

由于 LST-VI 特征空间与土壤湿度以及植被蒸腾的冠层阻抗相关性很强,可用于蒸散量及其参数的估算,其理论基础是:白天地表由于吸收太阳辐射而加热增温,潮湿表面的温度变化总是相对较小,因为热惯性的存在使得潮湿表面需要消耗更多的能量用于蒸散。LST-VI 特征空间模型不需要过多的大气或地面辅助数据且能在大的尺度上获得良好精度。虽然目前已有通过区间分割,回归迭代自动获得干边的方法,但是仍然具有一定主观性。同时研究区域必须足够大才能形成特征空间,然而研究区域太大,必然会导致区域内的辐射输入不一致,可能导致能量不平衡;同时要求涵盖的地表信息和土壤湿度变化完全覆盖,却没有考虑特征空间对植被覆盖类型的依赖性,如不同植被覆盖阻抗的差异性。

(4)Priestley-Taylor 类模型

Priestley-Taylor 模型,将 Penman-Monteith 公式的空气动力学项叠加到能量项中,并认为该项是 $R_n - G$ 的 0.26 倍,建立了计算饱和下垫面蒸散的模型:

$$LE = \alpha \frac{\Delta}{\gamma + \Delta}(R_n - G) \tag{11.15}$$

式中,α 为 Priestley-Taylor 系数,并认为饱和下垫面条件下取值 1.26 最合理。后来有学者分析各自的观测资料得到不同的 α 值,并发现 α 存在日变化和季节变化。这些都表明 α 不是一个常数,它实际上反映了平流的变化情况,在不同平流条件下 α 可以有不同的值,因此若将 α 当作变量,则 Priestley-Taylor 模型也可用于估算平流条件下的蒸发力。

三、土壤水分

土壤水分(土壤湿度、土壤含水量),作为陆面水资源形成、转化、消耗过程研究中的基本参数,是联系地表水与地下水的纽带。也是研究地表能量交换的基本要素,并对气候变化起着非常重要的作用。然而。自然环境下土壤水分的较大时空变动性,使得难以连续地、大范围地精确测量和监测它的时空变化。显然,遥感是监测区域尺度土壤湿度状况时空变化的有效途径。

土壤水分遥感取决于对土壤表面反射或发射的电磁辐射能的测量。而土壤水分的电磁辐射强度的变化取决于其反射率、发射率、电介特性、温度等。土壤水分特性在不同波段有不同的反应,人们可以依据土壤的物理特性和辐射理论,利用可见光、近红外、热红外、微波不同波段遥感资料与环境因素(地貌、植被等)的相关分析,来监测土壤水分(赵英时 等,2013)。

(1)可见光-红外遥感反演土壤水分

可见光-红外遥感反演土壤水分,是在地物波谱特征分析和遥感成像机理研究的基础上,直接运用遥感数据,通过简单的数值运算,获得对地表水分信息有指示意义的各种遥感指数。避开了微气象等一系列难以得到的参数,是遥感监测区域土壤水分的一种简便有效的方法,被国内外学者广泛采用。

可见光-近红外方法主要利用土壤及植被的光谱反射特性来估算土壤水分。干燥土壤的反射率较高,而同类的湿润土壤在各波段的反射率相应下降,它们反映了土壤表面干湿程度。当光照、温度条件变化不大时,植被生长状况主要与水分有关。而植被水分胁迫状况可以通过不同的遥感植被指数来表征。因此可以通过植被指数法(如植被状态指数、距平植被指数等)间接估算土壤水分。例如,通过多年遥感资料的积累,计算出常年旬平均植被指数与当年旬植被指数的差异,用距平植被指数来判断当年植被的长势和旱灾程度,如旬距平植被指数(ATNDVI)被定义为:

$$ATNDVI=TNDVI-\overline{TNDVI} \qquad\qquad (11.16)$$

$$TNDVI=\max[NDVI(t)] \qquad t=1,2,3,\cdots,10$$

式中:$\overline{TNDVI}$ 为同旬各年的 NDVI 平均值,t 为天数;$NDVI(t)$ 为第 t 天的植被指数值;TNDVI 为当年该旬的植被指数,也是 10 d 内最大的 NDVI 值。

纯植被指数法虽能在一定程度上反映植物的受胁状况,但忽略了气温、降水等环境因素对植被指数的影响。考虑到植被指数与地表温度之间的相关性以及它们各自与地表水分的相关性,有学者提出了基于温度-植被指数空间分析,估算近地表土壤水分状态的温度-植被指数测定法(TVX)。在多数情况下,NDVI 与地表温度(T_s)呈显著负相关,随着 NDVI 值的增加地表温度降低。同等大气和地表湿度条件下,不同的地表类型和不同地区会有不同 T_s-NDVI 斜率和截距,这主要与植被覆盖度、地表蒸散量、地表热特征、地表土壤湿度状况等有关。

假如研究区域的遥感数据涵盖了从裸土到植被全覆盖以及地表水分从干到湿的变化,则以通过遥感获得的地表温度为纵坐标(代表在相同地表植被覆盖率下,土壤湿度差异造成的地表温度变化),以 NDVI 为横坐标(代表地表植被覆盖率的变化)构成的像元散点图,呈三角形状或呈梯形,如图 11.2 所示。其特征空间的顶点(最大地表温度)或干湿边的确定建立在对遥感数据统计的结果上,不需要其他辅助数据,可以进行大范围的地表土壤水分监测。这条干边与地表模型相结合能用来推导土壤湿度。

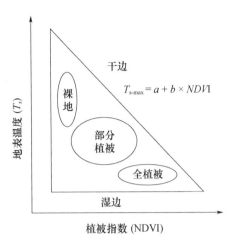

图 11.2　T_s-NDVI 特征空间示意图

（2）热红外遥感反演土壤水分

热红外遥感监测土壤水分依赖于土壤表面发射率与表面温度。热红外遥感监测土壤水分一般采用热惯量法和植物蒸散与植物缺水指数法。热惯量是量度物质热惰性大小的物理量。它是物质热特性的一种综合量度,反映了物质与周围环境能量交换的能力,即反映物质阻止热变化的能力。在自然条件下,由于多种环境因素的影响,不同物质的热惯量存在很大差异,这种差异对该物质的温度变幅起决定作用。热惯量 P 被定义为:

$$P = (K\rho c)^{1/2} \tag{11.17}$$

式中:K 为热传导率,指热通过物体的速率[J/(cm・s・K)];c 为物质比热容,指物质储存热的能力[J/(g・K)];ρ 为物质密度(g/cm³)。

对于大多数物质而言,热惯量 P 随着物质热传导率 K、比热容 c 和物质密度 ρ 的增加而增加。由于土壤密度、热传导率、热容量等特性的变化在一定条件下主要取决于土壤含水量的变化,因此土壤热惯量与土壤含水量之间存在一定的相关性。土壤的热传导率、热容量随土壤含水量的增加而增大,土壤热惯量 P 也随着土壤含水量的增加而增大。此外,土壤表面温度的日变化幅度(日变幅)是由土壤内、外部因素决定的。其内部因素主要指反映土壤传热能力的热导率(K)和反映土壤储热能力的热容量(C);外部因素主要指太阳辐射、空气温度、相对湿度、云、雾、风等。其中,土壤湿度强烈控制着土壤温度的日变幅(日较差),土壤表层昼夜日温差随土壤含水量的增加而减小。而土壤温度日较差可以通过热红外遥感数据获得。因此,对于裸土或低植被覆盖区,可以用遥感热惯量法来研究和监测土壤水分。

根据地表热量平衡方程和热传导方程，人们建立了各种热惯量模型。这些模型除了考虑太阳辐射、大气吸收和辐射、土壤热辐射和热传导等效应外，还考虑到蒸发和凝结、地气间对热流交换等效应，因而所需的参数较多，计算较为复杂。一般情况下，地表热惯量可以近似表示为地面温度的线性函数。地表热惯量可以通过对土壤反照率和反映温度变化的日最大、最小温度的测量来获得。例如，热惯量的计算可简化为如下公式：

$$P = \frac{1-\alpha}{\Delta T} \tag{11.18}$$

式中，α 为地表反照率，可通过多波段的遥感反演得到；ΔT 为昼夜温差，可通过昼夜不同时相热红外遥感数据反演获得。

土壤热惯量（P）与土壤水分（W）之间存在着密切的关系，对于土壤含水量的细微变化，热惯量均有响应。两者关系的建立一般通过实测数据采用线性统计回归分析的方法，建立经验公式，多为一些线性关系或指数模型。由于土壤水分运动的复杂性，遥感热惯量法仅能监测土壤表层水分的分布。

植物蒸散与植物缺水指数法基本思想是植物冠部温度与植物对水分的提取有关。作物缺水指数（crop water stress index，CWSI）或植物缺水指数（VWSI）是依据植物叶冠表面温度（T_c）和周围空气温度（T_a）的测量差值，以及太阳净辐射值计算得出的，实质上反映出植物（或作物）蒸散与最大可能蒸散的比值。它可作为植物（或作物）对水分提取的一个有价值的定量指标，在一定程度上反映植物根系范围内土壤水分的信息，被定义为：

$$CWSI = 1 - \frac{E}{E_p} \tag{11.19}$$

式中：E 为实际蒸散；E_p 为潜在蒸散。在具体应用时，对上式又作了进一步发展，建立在作物冠层能量平衡基础之上的作物缺水指数，它与作物供水状态、作物长势有很好的相关性，用以反映作物的水分状况，可表示为：

$$CWSI = 1 - \frac{E}{E_p} = \left[(T_c - T_a)(\gamma + \Delta) + d + \frac{(1-\delta)R_n r_a \gamma}{\rho c_p} \right] / \left[d + \Delta(T_c - T_a) \right] \tag{11.20}$$

式中：T_c 为作物冠层温度；T_a 为与作物冠层同高度的空气温度；γ 为通风干湿表常数；Δ 为饱和水汽压与温度关系曲线的斜率；d 为作物冠层上部空气饱和差；δ 为与作物最热点的显热通量之比；R_n 为净辐射通量；r_a 为空气动力学阻力；ρ 为空气密度；c_p 为空气比定压热容。其中作物冠层表面温度可由遥感数据反演，冠层上空的气象参数可通过地面气象台站及地面实况测定。

从这一指导思想出发，以能量平衡为基础，运用遥感数据反演的地表反照率和地表辐射温度，以及地面气象站的有关资料，把冠层温度与气温之差和空气动力阻抗等结合起来,利用 Penman-Monteith 方程计算 E 和 E_p,或采用余项法、指数法等估算地表蒸散,进而估算土壤水分。此方法物理概念明确,适用性广,可以克服经验模型的局限性。

(3)微波遥感反演土壤水分

微波遥感具有全天时、全天候、多极化、高分辨率、穿透性及对水分含量的敏感反应等优势,是目前监测土壤水分的一种很有效的手段。尽管微波遥感监测土壤水分有其独特的优势,但因微波信号受地表参数影响较大,许多理论问题尚待解决,且数据获取较难,因而目前实际应用并不很多。微波遥感反演土壤水分可以分为主动和被动微波遥感两种。

主动微波遥感监测土壤水分(0~5 cm)的物理基础是土壤的介电特性和它的水分含量间有密切关系,即水和干土间的介电常数相差很大(水的介电常数约为80 dB,而干土介电常数仅 3~5 dB)。随着物体含水量的增加,其介电常数几乎呈线性增加,可产生 20~80 dB 的变化。土壤水分含量不同,介电特性不同,回波信号不一。正因为土壤水分是影响雷达后向散射强度的最重要因素之一,故主动微波遥感对土壤水分很敏感。许多国内外学者对雷达后向散射系数和土壤水分的关系进行系统研究。主动微波探测土壤水分的主要难点是,土壤表面的后向散射信号强度与土壤水分之间并非呈简单的线性关系。它除了与土壤水分含量有关外,还与地表粗糙度、介电特性、土壤物理特性(结构、成分等)、植被(数量、结构)以及雷达系统参数(如入射角和频率)相关。

被动微波遥感反演土壤水分的物理基础在于:土壤温度由土壤介电常数和发射率决定,而土壤介电常数与发射率和土壤水分密切有关。因此,被动微波监测土壤水分主要依赖于用微波辐射计对土壤本身的微波发射进行测量。在微波波段,土壤的发射率在湿土的 0.6 到干土的 0.9 之间变化。在土壤湿度的正常范围内,发射率在 0.95 到 0.6 甚至更低之间变动,约相当于亮温 50 K 或更大的变动范围,这有利于土壤湿度的反演。然而,在地表微波辐射测量中,还同时会受到植被覆盖、土壤温度、地表粗糙度、积雪覆盖、地形以及土壤结构、大气效应等的影响。

四、应用实例

下面我们以 Landsat 8 热红外传感器(TIRS)数据为例,介绍一种基于单通道法反演地表温度的简单方法(覃志豪 等,2003)。TIRS 包括第 10 波段(TIRS 10)和第 11 波段(TIRS 11),其中第 10 波段相对于第 11 波段有着较高的反演精度,因此本案例主要针对 Landsat 8 TIRS 10 数据。

TIRS 传感器接收的热红外辐射亮度(L_λ)由地面真实辐射亮度经过大气传输的能量、大气向上辐射亮度($L\uparrow$)和大气向下辐射并通过地面反射的能量($L\downarrow$)三部分组成:

$$L_\lambda = [\varepsilon B(T_s) + (1-\varepsilon)L_\downarrow]\tau + L_\uparrow \tag{11.21}$$

式中 ε 为地表比辐射率，T_s 为地表真实温度（K），$B(T_s)$ 为黑体辐射亮度，τ 为大气在热红外波段的透过率。则温度为 T 的黑体在热红外波段的辐射亮度 $B(T_s)$ 可表示为：

$$B(T_s) = [L_\lambda - L_\uparrow - (1-\varepsilon)L_\downarrow] \tag{11.22}$$

T_s 可以用普朗克公式的函数获取：

$$T_s = \frac{k_2}{\ln\left(\dfrac{k_1}{B(T_s)} + 1\right)} \tag{11.23}$$

对于 TIRS 第 10 波段，$k_1 = 774.89 \text{ W/(m}^2 \cdot \mu\text{m} \cdot \text{sr)}$，$k_2 = 1321.08$ K。

首先通过辐射定标，将 10 波段的灰度值转换为辐射亮度值，再通过 NASA 公布的网站（https://atmcorr.gsfc.nasa.gov/）查询大气在热红外波段的透过率和大气向上向下的辐射亮度。地表比辐射率可通过 NDVI 近似估算，公式为：

$$\varepsilon = 0.004 p_v + 0.986 \tag{11.24}$$

其中，p_v 是植被覆盖度，计算公式如下：

$$p_v = [(NDVI - NDVI_{\text{soil}})/(NDVI_{\text{veg}} - NDVI_{\text{soil}})] \tag{11.25}$$

其中，$NDVI_{\text{soil}}$ 为没有植被覆盖区域的 $NDVI$ 值，$NDVI_{\text{veg}}$ 则代表完全被植被覆盖的像元的 NDVI 值。具体数值选取的为经验数值，$NDVI_{\text{soil}} = 0.05$，$NDVI_{\text{veg}} = 0.70$。基于上述方法获得 2018 年 4 月 18 日南京主城区地表温度如图 11.3 所示。

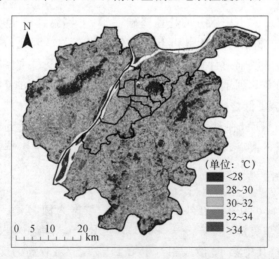

图 11.3　2018 年 4 月 18 日南京市主城区地表温度空间分布图（彩图见书后）

复习思考题

1. 简述一个完整的遥感过程。
2. 简述主要的植被指数模型。
3. 简述基于光能利用率模型估算植被生产力的基本原理。
4. 简述热红外地表温度遥感反演方法。
5. 简述可见光-红外遥感土壤水分反演方法。

主要参考文献

李召良,段四波,唐伯惠,等,2016. 热红外地表温度遥感反演方法研究进展[J]. 遥感学报,20(5): 899-920.

刘洋,刘荣高,陈镜明,等,2013. 叶面积指数遥感反演研究进展与展望[J]. 地球信息科学学报,15 (5):114-123.

覃志豪,李文娟,张明华,等,2003. 单窗算法的大气参数估算方法[J]. 国土资源遥感,56(2): 37-43.

吴炳方,曾源,赵旦,等,2019. 中国生态参数遥感监测方法及其变化格局[M]. 北京:科学出版社.

袁文平,蔡文文,刘丹,等,2014. 陆地生态系统植被生产力遥感模型研究进展[J]. 地球科学进展, 29(5):5-14.

赵英时,等,2013. 遥感应用分析原理与方法(第二版)[M]. 北京:科学出版社.

周佣,彭志晴,辛晓洲,等,2016. 非均匀地表蒸散遥感综述[J]. 遥感学报,20(2):257-277.

周廷刚,何勇,杨华,等,2015. 遥感原理与应用[M]. 北京:科学出版社.

Monteith J L,1965. Evaporation and environment[J]. Symposia of the Society for Experimental Biology,19:205-234.

Penman H L,1948. Natural Evaporation from Open Water,Bare Soil and Grass[J]. Proceedings of the Royal Society A:Mathematical,Physical and Engineering Sciences,193(1032):120-145.

Zhang L,Zhou D,Fan J,et al,2019. Contrasting the performance of eight satellite-based GPP models in water-limited and temperature-limited grassland ecosystems[J]. Remote Sensing,11 (11):1333.

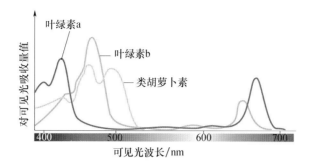

图 2.15　叶绿素 a、叶绿素 b 及类胡萝卜素对可见光波段的
吸收强度示意图

图 2.16　水培环境下蓍(*Achillea millefolium* L.)在红光(R)、蓝光(B)、白光(W)、
绿光(G)、荧光(FL)下的生长状况(Alvarenga et al.,2015)

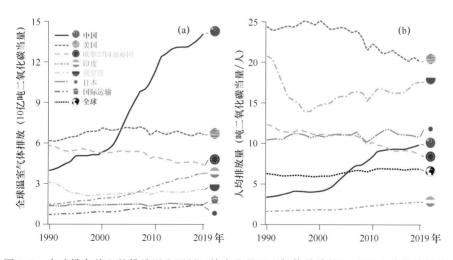

图 6.2　全球排名前六的排放国和国际运输产生的温室气体排放量(a)以及人均排放量(b)

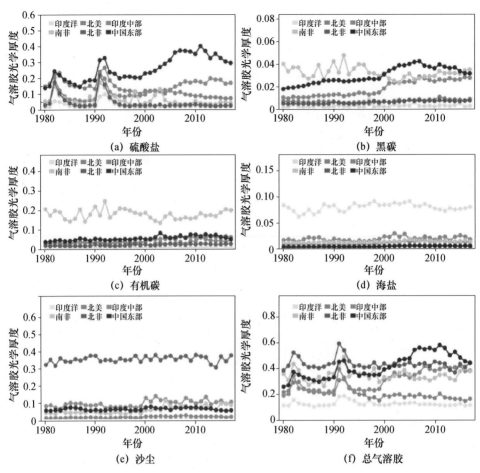

图 9.2　1980—2017 年全球典型区域气溶胶光学厚度的时间序列(张芝娟 等,2019)

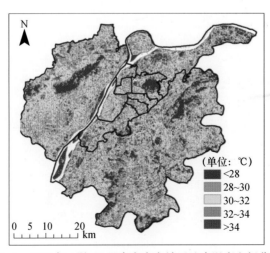

图 11.3　2018 年 4 月 18 日南京市主城区地表温度空间分布图